化学综合设计实验 续编

吴燕红 武海波 王文蜀 编著

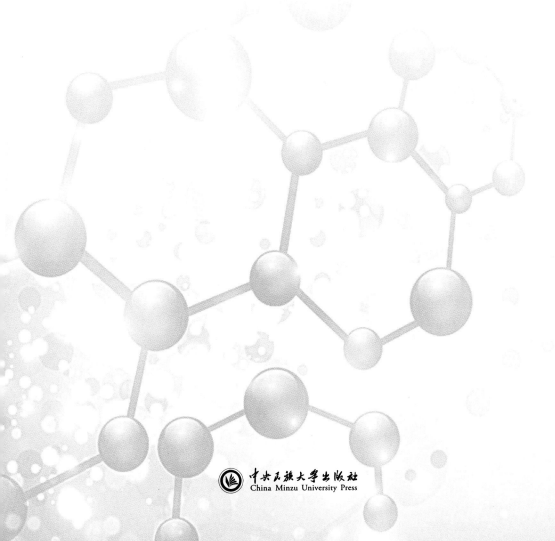

中央民族大学出版社
China Minzu University Press

图书在版编目(CIP)数据

化学综合设计实验(续编)/吴燕红,武海波,王文蜀编著.
—北京:中央民族大学出版社,2018.3

ISBN 978 - 7 - 5660 - 1438 - 2

Ⅰ.①化⋯ Ⅱ.①吴⋯ ②武⋯ ③王⋯ Ⅲ.①化学实验—
高等学校—教材 Ⅳ.①06 - 3

中国版本图书馆 CIP 数据核字(2017)第 243516 号

化学综合设计实验(续编)

编 著 者	吴燕红 武海波 王文蜀
责任编辑	李苏幸
封面设计	舒刚卫
出 版 者	中央民族大学出版社
	北京市海淀区中关村南大街 27 号 邮编:100081
	电话:68472815(发行部) 传真:68933757(发行部)
	68932218(总编室) 68932447(办公室)
发 行 者	全国各地新华书店
印 刷 厂	北京盛华达印刷有限公司
开 本	787 × 1092(毫米) 1/16 印张:13
字 数	210 千字
版 次	2018 年 3 月第 1 版 2018 年 3 月第 1 次印刷
书 号	ISBN 978 - 7 - 5660 - 1438 - 2
定 价	56.00 元

目 录

第一篇 绪 论

一、化工原理实验的教学目的

化工原理是化学、制药、环境、生物工程等专业学生必修的一门专业基础课程。它主要研究生产过程中各种单元操作的规律，并利用这些规律解决实际生产中的过程问题，是一门实践性很强的专业基础课程。化工原理实验与化工原理理论课教学以及课程设计等内容构成一个有机的整体，是学习、掌握和运用化工原理必不可少的重要环节。

化工原理实验属于工程实验范畴，与一般化学实验相比，主要区别在于其工程特点及实验规模。由于工程实验是一项技术工作，它本身就是一门重要的技术学科，有自己的特点和体系。为了切实加强实验教学环节，我们将实验课单独设课。

通过化工原理实验教学不仅使学生巩固了对化工原理的理解，更重要的是对学生进行了系统和严格的工程实验训练，培养学生对实验现象敏锐的观察能力、运用各种实验手段正确获取实验数据的能力、归纳实验现象和分析实验数据的能力、由实验数据和实验现象得出结论并提出自己见解的能力，增强学生的创新意识，使学生具备分析与解决工程实际问题的能力。

通过化工原理实验教学，我们力求达到以下教学目的：

1. 巩固和深化理论知识

在学习化工原理课程的基础上，进一步理解一些比较典型的已被或将被广泛应用的化工过程与设备的原理和操作，巩固和深化化工原理的理论知识。

2. 提供一个理论联系实际的机会

用所学的化工原理等理论知识去解决实验中遇到的各种实际问题，同时学习在化工领域内如何通过实验获得新的知识和信息。

3. 培养学生从事科学实验的能力

（1）为了完成某一研究课程，设计实验方案的能力。

（2）进行实验，观察和分析实验现象以及解决实验问题的能力。

（3）正确选择和使用测量仪表的能力。

（4）利用实验的原始数据进行数据处理以获得实验结果的能力。

（5）运用文字表达技术报告的能力等。

学生只有通过一定数量的实验训练，才能掌握各种实验技能，为将来从事科学研究和解决工程实际问题打好坚实的基础。

4. 培养科学的思维方法、严谨的科学态度和良好的科学作风

通过误差分析及数据整理，使学生严肃对待参数测量、取样等各个环节，注意观察实验中的各种现象，运用所学的理论分析实验装置结构、操作等对测量结果的影响，严格遵守操作规程，集中精力进行观察、记录和思考。掌握数据处理方法，分析和归纳实验数据，实事求是地得出实验结论，通过与理论比较，提出自己的见解，分析误差的性质和影响程度，从而培养学生严肃认真的学习态度和实事求是的研究态度。

总之，化工原理实验教学的目的是着重于对实践能力和解决实际问题能力的培养，这种能力的培养是课堂教学所无法替代的。

二、化工原理实验的教学内容

根据化工原理实验的特点及教学条件，实验课程分为三个方面的内容：

1. 实验理论教学

主要讲述化工原理实验教学的目的、要求和方法；化工原理实验的特点；化工原理实验的研究方法；实验数据的处理方法；与化工原理实验有关的计算机数据采集与控制的基本知识等。

2. 计算机仿真实验

包括仿真运行、数据处理和实验测评三部分。

3. 典型单元操作实验

在相应的实验教学设备上进行操作，观察现象，获取数据。

三、化工原理实验的基本要求

化工原理实验课程是由若干教学环节组成的，即实验理论课、撰写预习报告、实验前提问、实验操作、撰写实验研究报告和实验考核。实验理论课主要阐明实验基本原理、流程设计、测试技术及仪表的选择和使用方法，典型化工设备的操作，实验操作要点和数据处理注意事项等内容。实验前提问是为了检查学生对实验内容的准备程度。实验操作是整个实验教学中最重要的环节，要求学生在该过程中能正确操作，认真观察实验现象，准确记录实验数据。实验研究报告应独立完成，并按照标准的科研报告形式撰写。

由于化工原理实验是用工程装置进行实验，学生第一次接触常感到陌生而无从下手。同时是几个人一组完成一个实验操作，如果在操作中互相配合不好，将直接影响实验结果。实验课不是单纯进行实验"操作"，化工原理实验课的全过程应该包括：实验前的准备（实验预习）、进行实验操作、记录和处理实验数据及撰写实验报告 4 个主要环节。

1. 实验前预习

要完成好每个实验，就必须认真做好实验课前预习工作。化工实验的装置流程较为复杂，课前预习尤为重要。具体要求如下：

（1）认真阅读实验教材，复习课程教材以及参考书的有关内容，清楚地掌握实验项目的要求，实验所依据的原理，实验步骤及所需测量的参数。熟悉实验所用测量仪表的使用方法，掌握其操作和安全注意事项。初步拟定实验方案，决定先做什么，后做什么，操作条件如何？设备的启动程序怎样？如何调整？实验中数据点如何分配？何处实验数据应密集些，何处可间距大些？应试图对每个实验提出问题，带着问题预习。

（2）到实验室现场对照具体实验装置熟悉设备装置的结构和流程、仪表种类及安装位置，了解使用方法，对某些精密测试仪器必须仔细阅读该仪器的使用说明，掌握其操作规程和安全注意事项。明确测试点和控制点的位置，确定操作程序、所测参数单位及所测数据点如何分布等。

（3）利用 CAI 计算机辅助教学手段，让学生进行计算机仿真练习。通过计算机仿真练习，熟悉各个实验装置的组成、性能、实验操作步骤和注意事项，思考并回答有关问题，强化对基础理论和实验过程的理解，以增强实验效果。

（4）学生在预习和仿真练习的基础上写出实验预习报告。预习报告的内容应包括实验目的、原理、流程、操作步骤和实验操作要点及注意事项，设计实验数据的布点，准备好实验基本参数和原始数据记录表格，并标明各参数的单位。

（5）特别要考虑一下设备的哪些部分或操作中哪个步骤会产生危险，如何防护，以保证实验过程中的人身和设备安全。不预习者不准做实验。

（6）化工原理实验一般都是几个人合作的，因此实验前必须预先组织好实验小组，实验方案应在实验小组讨论，并预先做好分工，注意协同合作，这样既能保证实验质量，又能获得全面训练。

2. 实验操作

一般以3—4人为一小组合作进行实验，实验前必须做好组织工作，做到既分工又合作，每个组员要各负其责，并且要在适当的时候进行工作轮换，这样既能保证质量，又能获得全面的训练。

3. 实验数据的测定、记录和处理

（1）确定要测定哪些数据

凡是与实验结果有关或是整理数据时必需的参数都应一一测定。原始数据记录表的设计应在实验前完成。原始数据应包括工作介质性质、操作条件、设备几何尺寸及大气条件等。并不是所有数据都要直接测定，凡是可以根据某一参数推导出或根据某一参数由手册查出的数据，就不必直接测定。例如水的黏度、密度等物理性质，一般只要测出水温后即可查出，因此不必直接测定水的黏度、密度，而应该改测水的温度。

（2）实验数据的分割

一般来说，实验时要测的数据尽管有许多个，但常常选择其中一个数据作为自变量来控制，而把其他受其影响或控制的随之而变的数据作为因变量，如离心泵特性曲线就把流量选择为自变量，而把其他同流量有关的扬程、轴功率、效率等作为因变量。实验结果又往往要把这些所测的数据标绘在各种坐标系上，为了使所测数据在坐标上得到分布均匀的曲线，这里就涉及实验数据均匀分割的问题。化工原理实验最常用的有两种坐标：直角坐标和双对数坐标，坐标不同所采用的分割方法也不同。其分割值 x 与实验预定的测定次数 n 以及最大、最小的控制量 x_{max}、x_{min} 之间的关系如下：

①对于直角坐标系

$$x_i = x_{min} \qquad \Delta x = \frac{x_{max} - x_{min}}{n - 1} \qquad x_{i+1} = x_i + \Delta x$$

②对于双对数坐标系

$$x_i = x_{min} \qquad lg\Delta x = \frac{lgx_{max} - lgx_{min}}{n - 1}$$

$$\therefore \Delta x = \left(\frac{x_{max}}{x_{min}}\right)^{\frac{1}{n-1}} \qquad x_{i+1} = x_i \cdot \Delta x$$

（3）读数与记录

①待设备各部分运转正常，操作稳定后才能读取数据，如何判断是否已达稳定？一般是经两次测定其读数应相同或十分相近。当变更操作条件后各项参数达到稳定需要一定的时间，因此也要待其稳定后方可读数，否则易造成实验结果无规律甚至反常。

②同一操作条件下，不同数据最好是数人同时读取，若操作者同时兼读几个数据时，应尽可能动作敏捷。

③每次读数都应与其他有关数据及前一点数据对照，看看相互关系是否合理？如不合理应查找原因，是现象反常还是读错了数据？并要在记录上注明。

④所记录的数据应是直接读取的原始数值，不要经过运算后记录，例如秒表读数 1 分 23 秒，应记为 1′23″，不要记为 83″。

⑤读取数据必须充分利用仪表的精度，读至仪表最小分度以下一位数，这个数应为估计值。如水银温度计最小分度为 0.1℃，若水银柱恰好指 22.4℃时，应记为 22.40℃。注意过多取估计值的位数是毫无意义的。

碰到有些参数在读数过程中波动较大，首先要设法减少其波动。其波动不能完全消除的情况下，可取波动的最高点与最低点两个数据，然后取平均值，在波动不太大时可取一次波动的高低点之间的中间值作为估计值。

⑥不要凭主观臆测修改记录数据，也不要随意舍弃数据，对可疑数据，除有明显原因，如读错、误记等情况使数据不正常可以舍弃之外，一般应在数据处理时检查处理。

⑦记录完毕要仔细检查一遍，有无漏记或记错之处，特别要注意仪表

上的计量单位。实验完毕，须将原始数据记录表格交给指导教师检查并签字，认为准确无误后方可结束实验。

（4）数据的整理与处理

①原始记录只可进行整理，绝不可以随便修改。经判断确实为过失误差造成的不正确数据须注明后可以剔除不计入结果。

②采用列表法整理数据清晰明了，便于比较。一张正式实验报告一般要有四种表格：原始数据记录表、中间运算表、综合结果表和结果误差分析表。中间运算表之后应附有计算示例，说明各项之间的关系。

③运算中尽可能利用常数归纳法，以避免重复计算，减少计算错误。

例如，流体阻力实验，计算 Re 和 λ 值。

$$Re = \frac{du\rho}{\mu}$$

其中，d、ρ、μ 在水温不变或变化很小时可视为常数，合并为

$$A = \frac{d\rho}{\mu}$$

故有

$$Re = Au$$

A 值确定，改变 u 值可算出 Re 值。

又如，管内摩擦阻力系数 λ 的计算

$$\Delta p = \lambda \frac{l}{d} \frac{\rho u^2}{2}$$

$$\lambda = \frac{d}{l} \frac{2}{\rho} \frac{\Delta p}{u^2} = B' \frac{\Delta p}{u^2}$$

式中，常数 $B' = \frac{d}{l} \frac{2}{\rho}$。

实验中流体压强降 Δp 用 U 形管压差计读数 R 测定，则

$$\Delta p = gR(\rho_0 - \rho) = B''R$$

式中，常数 $B'' = g(\rho_0 - \rho)$，则 Δp 代入上式整理为

$$\lambda = B'B'' \frac{R}{u^2} = B \frac{R}{u^2}$$

式中，常数 $B = \frac{d}{l} \frac{2g(\rho_0 - \rho)}{\rho}$

计算 λ 时，仅需要变量 Re 和 u。

④实验结果及结论用列表法、图示法或回归分析法来说明都可以，但均需标明实验条件。

4. 实验报告的撰写

实验完成后，应对测取的数据、观察到的实验现象和发现的问题进行分析解决，得出实验结论，检验是否达到实验的目的。所有这些工作，应以实验报告的形式进行综合整理。

实验报告是对实验工作的全面总结，实验报告是一份技术文件，是对实验结果进行评估的文字材料。因此要求学生各自独立完成这项工作。化工原理实验具有显著的工程性，属于工程技术科学的范畴，它研究的对象是复杂的实际问题和工程问题。撰写实验报告要本着实事求是的态度，不随便记录任何一个数据，更不能以任何理由为借口随意更改测得的数据，任何编造、修改和歪曲实际观测情况的行为，都是错误的。尊重所测数据，寻找误差原因，才是从事科学实验的正确态度。

实验报告虽是以实验数据的准确性和可靠性为基础的，但将实验结果整理成一份好的报告，也是需要经过训练的一种实际工作能力，这方面能力的培养，能够为今后写好研究报告和科学论文打下基础。

一份好的实验报告，必须写得简单、明白，数据完整，交代清楚，结论明确，有讨论，有分析，得出的公式或图线有确定的使用条件。

报告的格式虽不必强求一致，但撰写应符合规范，一般应包括下列各项：

（1）实验报告的封面

实验名称或标题，报告人姓名、班级及同组实验人姓名，实验地点，指导教师，实验日期。

（2）实验目的和内容

简明扼要地说明为什么要进行本实验，实验要解决什么问题。

（3）实验的理论依据（实验原理）

简要说明实验所依据的基本原理，包括实验涉及的主要概念，实验依据的重要定律、公式及据此推算的重要结果。要求准确、充分。

（4）实验装置流程示意图

简单地画出实验装置流程示意图和测试点、控制点的具体位置及主要设备、仪表的名称。标出设备、仪器仪表及调节阀等标号，在流程图的下方写出图名及与标号相对应的设备、仪器等名称。

（5）实验操作步骤和注意事项

根据实际操作程序划分为几个步骤，并在前面加上序数词，以使条理更为清晰。对于操作过程的说明应简单、明了。

对于容易引起设备或仪器仪表损坏、容易发生危险以及一些对实验结果影响比较大的操作，应在注意事项中注明，以引起注意。

（6）原始数据记录

报告中的实验数据除原始记录外，应包括经过加工后用于计算的全部数据。如记录实验过程中从测量仪表所读取的数值。读数方法要正确，记录数据要准确，要根据仪表的精度决定实验数据的有效数字的位数。实验数据不经重复实验，不得修改，更不得伪造数据。此记录表应作为附录放在报告后面。

（7）数据处理及计算过程举例

数据处理是实验报告的重点内容之一。以某一组原始数据为例，把各项计算过程列出，以说明数据整理表中的结果是如何得到的。引用的数据要注明来源，简化公式要写出导出过程，要列出用某次实验数据计算的全过程，作为计算示例。按要求将实验原始数据经过整理、计算、加工成表格或图的形式。表格要易于显示数据的变化规律及各参数的相关性；有时为了更直观地表达变量之间的相互关系而采用作图法，即用相对应的各组数据确定出若干坐标点，然后依点画出相关曲线，图要能直观地表达变量间的相互关系。图应用坐标纸绘制或用计算机绘图软件制作。

（8）实验结果的分析与讨论

实验结果的分析与讨论是作者理论水平的具体体现，也是对实验方法和结果进行的综合分析研究，是工程实验报告的重要内容之一，主要内容包括：

①根据实验结果得出哪些有价值的结论；从理论上对实验所得结果进行分析和解释，说明其必然性。

②对实验中的异常现象进行分析讨论，说明影响实验的主要因素。

③分析误差的大小和原因，指出提高实验结果的途径。

④将实验结果与前人和他人的结果对比，说明结果的异同，并解释这种异同。

⑤本实验结果在生产实践中的价值和意义，推广和应用效果的预测等。

⑥由实验结果提出进一步的研究方向或对实验方法及装置提出改进建议等。

（9）实验结论

实验结论是根据实验结果所作出的最后判断，得出的结论要从实际出发，有理论依据。

四、化工原理实验课程的研究方法

工程实验不同于基础课程的实验，后者采用的方法是理论的、严密的，研究的对象通常是简单的、基本的甚至是理想的，而工程实验面对的是复杂的实验问题和工程问题，对象不同，实验研究方法必然不同。工程实验的困难在于变量多，涉及的物料千变万化，设备大小悬殊，困难可想而知。化学工程学科，如同其他工程学科一样，除了生产经验总结以外，实验研究是学科建立和发展的重要基础。多年来，化工原理在发展过程中形成的研究方法有直接实验法、因次分析法和数学模型法三种。

1. 直接实验法

这是一种解决工程实际问题的最基本的方法，对特定的工程问题直接进行实验测定，所得到的结果也较为可靠，但它往往只能用到条件相同的情况，具有较大的局限性。例如过滤某种物料，已知滤浆浓度，在某一恒压条件下，直接进行过滤实验，测定过滤时间和所得滤液量，根据过滤时间和所得滤液量两者之间的关系，可以做出该物料在某一压力下的过滤曲线。如果滤浆浓度改变或过滤压力改变，所得过滤曲线也将不同。

对一个多变量影响的工程问题，为研究过程的规律，往往采用网格法规划实验，即依次固定其他变量，改变某一变量测定目标值。比如影响流体阻力的主要因素有：管径 d、管长 l、平均流速 u、流体密度 ρ、流体黏度 μ 及管壁粗糙度 ε，变量数为 6。如果每个变量改变条件次数为 10 次，则需要做 1×10^6 次实验。可见，变量数是出现在幂上，若涉及变量众多，则所需实验次数将会剧增。因此实验需要在一定的理论指导下进行，以减少工作量，并使得到的结果具有一定的普遍性。

2. 因次分析法

因次分析法所依据的基本理论是因次一致性原则和白金汉（Buckingham）的 π 定理。因次一致性原则是：凡是根据基本的物理规律导出的物理量方程，其中各项的因次必然相同。白金汉的 π 定理是：用因次分析所得到的独立的因次数群个数，等于变量数与基本因次数之差。

因次分析法是将多变量函数整理为简单的无因次数群的函数，然后通过实验归纳整理出算图或准数关系式，从而大大减少实验工作量，同时也容易将实验结果应用到工程计算和设计中。

因次分析法的因次与单位是不同的，因次又称量纲，是指物理量的种类，而单位是比较同一种类物理量大小所采用的标准。比如，力可以用牛顿、公斤、磅来表示，但单位的种类同属质量类。

因次有两类：一种是基本因次，它们是彼此独立的，不能相互导出；另一类是导出因次，由基本因次导出。例如，在力学领域基本因次有三个，为长度［L］、时间［T］、质量［M］，其他力学的物理量都可以由这三个因次导出，并可以写成幂指数乘积的形式。

设某个物理量的导出因次为 $Q：[Q] = [M^a L^b T^c]$，式中 a、b、c 为常数。如果基本因次的指数均为零，这个物理量称为无因次数（或无因次数群），如反映流体流动状态的雷诺数就是无因次数群。

因次分析法的具体步骤是：

（1）找出影响过程的独立变量；

（2）确定独立变量所涉及的基本因次；

（3）构造因变量和自变量的函数式，通常以指数方程的形式表示；

（4）用基本因次表示所有独立变量的因次，得出各独立变量的因次式；

（5）依据物理方程的因次一致性原则和 π 定理得到准数方程；

（6）通过实验归纳总结准数方程的具体函数式。

以获得流体在管内流动的阻力和摩擦系数 λ 的关系式为例。根据摩擦阻力的性质和有关实验研究，得知由于流体内摩擦而出现的压强降 Δp 与 6 个因素有关，写成函数关系式为：

$$\Delta p = f\ (d,\ l,\ u,\ \rho,\ \mu,\ \varepsilon) \qquad (1—1)$$

这个隐函数的形式并不清楚，但从数学上讲，任何非周期性函用幂函数的形式逼近是可取的，所以化工上一般将其改为下列幂函数的形式：

$$\Delta p = K d^a l^b u^c \rho^d \mu^e \varepsilon^f \qquad (1—2)$$

尽管上式中各物理量上的幂指数是未知的，但根据因次一致性原则可知，方程式等号右侧的因次必须与 Δp 因次相同，那么组合成几个无因次数群才能满足要求呢？由式（1—1）分析，变量数 $n = 7$（包括 Δp），表示这些物理量的基本因次 $m = 3$（长度［L］、时间［T］、质量［M］），根据白金汉的 π 定理可知，组成的无因次数群的数目为 $N = n - m = 4$。

通过因次分析，将变量无因次化，式（1—2）中各物理量的因次分别是：

$$\Delta p = \left[ML^{-1}T^2 \right]$$
$$d = l = \left[L \right]$$
$$u = \left[LT^{-1} \right]$$
$$\rho = \left[ML^{-3} \right]$$
$$\mu = \left[ML^{-1}T^{-1} \right]$$
$$\varepsilon = \left[L \right]$$

将各物理量的因次代入式（1—2），则两端因次为：

$$ML^{-1}T^2 = KL^a L^b \left(LT^{-1} \right)^c \left(ML^{-3} \right)^d \left(ML^{-1}T^{-1} \right)^e L^f \qquad (1—3)$$

根据因次一致性原则，上式等号两边各基本量的因次指数必然相等，可得方程组：

对基本因次［M］$d + e = 1$

对基本因次［L］$a + b + c - 3d - e - f = -1$

对基本因次［T］$-c - e = -2$

此方程组有 3 个方程，却有 6 个未知数，设用其中 3 个未知数 b、e、f 来表示 a、d、c，解此方程组，可得：

$$\begin{cases} a = -b - c + 3d + e - f - 1 \\ c = 2 - e \\ d = 1 - e \end{cases} \qquad \begin{cases} a = -b - e - f \\ c = 2 - e \\ d = 1 - e \end{cases}$$

将求得的 a、d、c 代入式（1—2），即得：

$$\Delta p = K d^{-b-e-f} l^b u^{2-e} \rho^{1-e} \mu^e \varepsilon^f \qquad (1—4)$$

将指数相同的各物理量合并在一起得：

$$\frac{\Delta p}{u^2 \rho} = K \left(\frac{l}{d} \right)^b \left(\frac{du\rho}{\mu} \right)^{-e} \left(\frac{\varepsilon}{d} \right)^f \qquad (1—5)$$

$$\Delta p = 2K \left(\frac{l}{d} \right)^b \left(\frac{du\rho}{\mu} \right)^{-e} \left(\frac{\varepsilon}{d} \right)^f \left(\frac{u^2 \rho}{2} \right) \qquad (1—6)$$

将此式与计算流体在管内摩擦阻力的公式

$$\Delta p = \lambda \frac{l}{d} \left(\frac{u^2 \rho}{2} \right) \tag{1—7}$$

相比较，整理得到研究摩擦系数 λ 的关系式，即

$$\lambda = 2K \left(\frac{du\rho}{\mu} \right)^{-e} \left(\frac{\varepsilon}{d} \right)^{f} \tag{1—8}$$

或

$$\lambda = \Phi \left(Re, \frac{\varepsilon}{d} \right) \tag{1—9}$$

由以上分析可以看出：在因次分析法的指导下，将一个复杂的多变量的管内流体阻力的计算问题，简化为摩擦系数 λ 的研究和确定。它是建立在正确判断过程影响因素的基础上，进行了逻辑加工而归纳出的数群。以上例子只能告诉我们，λ 是 Re 与 ε/d 的函数，至于它们之间的具体形式，归根到底还得靠实验来实现。通过实验变成一种算图或经验公式用以指导工程计算和工程设计。著名的穆迪（Moody）摩擦系数图即"摩擦系数 λ 与 Re、ε/d 的关系曲线"就是这种实验的结果。许多实验研究了各种具体条件下的摩擦系数 λ 的计算公式，如适用于光滑管的柏拉修斯（Blasius）公式：

$$\lambda = \frac{0.3164}{Re^{0.25}}$$

因次分析法有两点值得注意：

（1）最终所得数群的形式与解联立方程组的方法有关。在前例中如果不以 b、e、f 来表示 a、d、c，而改为以 d、e、f 表示 a、b、c，整理得到的数群形式也就不同。不过这些形式不同的数群可以通过互相乘除，仍然可以变换成前例中所得的四个数群。

（2）必须对所研究的过程有本质的了解，如果有一个重要的变量被遗漏或者引进一个无关的变量，就会得出不正确的结果，甚至导致错误的结论。所以应用因次分析法必须持谨慎的态度。

从以上分析可知，因次分析法是通过将变量组合成无因次数群，从而减少实验自变量的个数，大幅度地减少实验次数。例如前例中，若按式（1—1）进行实验，为改变 ρ、μ，实验中必须换多种液体；为改变 d，必须改变实验装置（管径）。而采用因次分析所得的式（1—6）指导实验时，要改变 $du\rho/\mu$ 只需改变流速；要改变 l/d，只需改变测量段的距离，即两测

压点的距离。从而将水、空气等的实验结果推广应用于其他流体，将小尺寸模型的实验结果应用于大型实验装置。因此，实验的无因次化工作是规划一个实验的一种有效手段，在化工上广为应用。

对于因次分析法，决定成败的关键在于能否如数列出影响过程的主要因素。它无须对过程本身的规律有深入理解，只要做若干析因分析实验，考察每个变量对实验结果的影响程度即可。在因次分析法指导下的实验研究只能得到过程的外部联系，而对过程的内容规律则不甚了然。然而，这正是因次分析法的一大特点，它使因次分析法成为对各种研究对象原则皆适用的一般方法。

3. 数学模型法

（1）数学模型法主要步骤

①将复杂问题作合理又不过于失真的简化，提出一个近似实际过程又易于用数学方程式描述的物理模型。

②对所得到的物理模型进行数学描述即建立数学模型，然后确定该方程的初始条件和边界条件，求解方程。

③通过实验对数学模型的合理性进行检验并测定模型参数。

（2）数学模型法举例说明

以求取流体通过固定床的压降为例。固定床中颗粒间的空隙形成许多可供流体通过的细小通道，这些通道是曲折而且互相交联的，同时，这些通道的截面大小和形状又是很不规则的，流体通过如此复杂的通道时的压降自然很难进行理论计算，但我们可以用数学模型法来解决。

①提出物理模型

流体通过颗料层的流动多呈层流状态，单位体积床层所具有的表面积对流动阻力有决定性的作用。这样，为解决压降问题，可在保证单位体积表面积相等的前提下，将颗粒层内的实际流动过程作如下大幅度的简化，使之可以用数学方程式加以描述：

将床层中的不规则通道简化成长度为 l_e 的一组平行细管，并规定：

细管的内表面积等于床层颗粒的全部表面；细管的全部流动空间等于颗粒床层空隙容积。

根据上述假定，可求得这些虚拟细管的当量直径 d_e

$$d_e = \frac{4 \times 通道的截面积}{润湿周边} \tag{1—10}$$

分子、分母同乘 l_e，则有

$$d_e = \frac{4 \times 床层的流动空间}{细管的全部内表面} \qquad (1—11)$$

以 $1 m^3$ 床层体积为基准，则床层的流动空间为 ε，$1 m^3$ 床层的颗粒表面即为床层的比表面积 α_B，因此

$$d_e = \frac{4\varepsilon}{\alpha_B} = \frac{4\varepsilon}{\alpha(1-\varepsilon)} \qquad (1—12)$$

按此简化的物理模型，流体通过固定床的压降即可等同于流体通过一组当量直径为 d_e，长度为 l_e 的细管的压降。

②建立数学模型

上述简化的物理模型，已将流体通过具有复杂的几何边界的床层的压降简化为通过均匀圆管的压降。对此，可用现有的理论作如下数学描述：

$$h_f = \frac{\Delta p}{\rho} = \lambda \frac{l_e}{d_e} \frac{u_1^2}{2} \qquad (1—13)$$

式中，u_1 为流体在细管内的流速。u_1 可取为实际填充床中颗粒空隙间的流速，它与空床流速（表观流速）u 的关系为

$$u = \varepsilon u_1 \qquad (1—14)$$

将式（1—12）、式（1—14）代入式（1—13），得

$$\frac{\Delta p}{l} = \left(\lambda \frac{l_e}{8l}\right)\frac{(1-\varepsilon)}{\varepsilon^3}\alpha \rho u^2 \qquad (1—15)$$

细管长度 l_e 与实际长度 l 不等，但可以认为 l_e 与实际床层高度 l 成正比，即 $\frac{l_e}{l} =$ 常数，并将其并入摩擦系数中，于是，

$$\frac{\Delta p}{l} = \lambda' \frac{(1-\varepsilon)}{\varepsilon^3}\alpha \rho u^2 \qquad (1—16)$$

式中，$\lambda' = \frac{\lambda}{8} \frac{l_e}{l}$

式（1—16）即为流体通过固定床压降的数学模型，其中包含一个未知的待定系数 λ'，称为模型参数，就其物理意义而言，也可称为固定床的流动摩擦系数。

③模型的检验和模型参数的估值

上述床层的简化处理只是一种假定，其有效性必须经过实验检验，其

中的模型参数亦必须由实验测定。

康采尼和欧根等均对此进行了实验研究，获得了不同实验条件下不同范围的 λ' 与 Re' 的关联式。

对于数学模型法，决定成败的关键是对复杂过程的合理简化，即能否得到一个足够简单既可用数学方程式表示而又不失真的物理模型。只有充分地认识了过程的特殊性并根据特定的研究目的加以利用，才有可能对真实的复杂过程进行大幅度的合理简化，同时在指定的某一侧面保持等效。上述例子进行简化时，只在压降方面与实际过程这一侧面保持等效。

无论是数学模型法还是因次分析法，最后都要通过实验解决问题，但实验的目的大相径庭。数学模型法的实验目的是为了检验物理模型的合理性并测定为数较少的模型参数；而因次分析法的实验目的是为了寻找各无因次变量之间的函数关系。

五、实验数据处理

1. 列表法和图示法

（1）列表法

列表法就是将实验数据列成表格表示，通常是整理数据的第一步，为绘制曲线图或整理成数学公式打下基础。

①实验数据表的分类

实验数据表一般分为两大类：原始记录数据表和整理计算数据表。

a. 原始记录数据表必须在实验前设计好，以清楚地记录所有待测数据，如采用标准流量计标定孔板流量计实验，原始记录数据表的格式见表1—1。

b. 整理计算数据表应简明扼要，只表达主要物理量的计算结果，有时还可以列出实验结果的最终表达式。如流量计标定实验整理计算数据表的格式见表1—2。

表1—1　流量计标定实验原始记录数据表

年　　月　　日

装置编号：　　　　　　　孔板孔径：　　　　　　　平均温度：

序号＼项目	孔板流量计压差读数/kPa	标准流量计读数/（m³/h）
1		
2		
3		
4		
5		
6		
7		
8		
9		
10		

表1—2　流量计标定实验整理计算数据表

序号＼项目	流量 Q/（m³/h）	压差 Δp/kPa	流量系数 λ	雷诺数 Re
1				
2				
3				
4				
5				
6				
7				
8				
9				
10				

②拟定实验数据表应注意的事项

A. 数据表的表头要列出物理量的名称、符号和单位。单位不宜混在数字之中，以免分辨不清。

B. 要注意有效数字位数，即记录的数字应与测量仪表的准确度相匹配，过多或过少都是不正确的。

C. 物理量的数值较大或较小时，要用科学计数法来表示。以"物理量的符号 $\times 10^{\pm n}$/单位"的形式，将 $10^{\pm n}$ 记入表头，注意：表头中的 $10^{\pm n}$ 与表中的数据应服从以下公式：

$$物理量的实际值 \times 10^{\pm n} = 表中数据$$

D. 每一个数据表都应在表的上方写明表号和表题（表名）。表格应按出现的顺序编号。表格的出现，在正文中应有所交代，同一表尽量不跨页，必须跨页时，在此页上须注上"续表……"。

E. 数据表格要正规，数据一定要书写清楚整齐，不得潦草。修改时宜用单线将错误的划掉，将正确的写在下面。各种实验条件及做记录者的名字可作为"表注"，写在表的下方。

（2）图示法

实验数据图示法的优点是直观清晰，便于比较，容易看出数据中的极值点、转折点、周期性、变化率以及其他特性。准确的图形还可以在不知数学表达式的情况下进行微积分运算，因此得到广泛的应用。

做曲线图时必须依据一定的法则，只有遵循这些法则，才能得到与实验点位置偏差最小而光滑的曲线图形。

①坐标系选择

化工中标常用的坐标系为直角坐标系，包括笛卡尔坐标系（又称普通直角坐标系）、半对数坐标系（一个轴是分度均匀的普通直角坐标轴，另一个轴是分度不均匀的对数坐标轴）和对数坐标系（两个轴都是对数标度的坐标轴）。

应根据实验数据的特点来选择合适的坐标系。

在下列情况下，建议用半对数坐标系：

A. 变量之一在所研究的范围内发生了几个数量级的变化。如流量计标定实验中流量系数与雷诺数的关系曲线应采用半对数坐标。如图 2—1 所示。

B. 自变量由零开始逐渐增大的初始阶段，当自变量的少许变化引起因变量极大变化时，此时采用半对数坐标纸，曲线最大变化范围可伸长，使图形轮廓清楚。

C. 要将某种函数变换为直线函数关系，如指数函数 $y = ae^{bx}$。

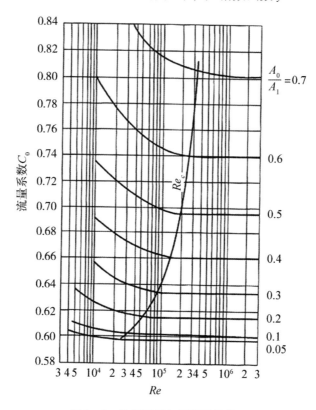

图1—1 流量系数与雷诺数的关系

在下列情况下，应使用对数坐标系：

A. 所研究的函数 y 和自变量 x 在数值上均变化了几个数量级。

B. 需要将曲线开始部分划分成展开的形式。

C. 需要将某种非线性关系变换为线性关系时，例如，节流式流量计流量与压差关系，见图1—2。

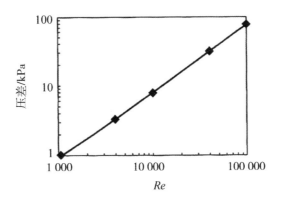

图 1—2　节流式流量计流量与压差关系

②其他注意事项

A. 图线光滑。利用曲线板等工具将各离散点连接成光滑的曲线，并将曲线尽可能通过较多的实验点，或者使曲线以外的点尽可能位于曲线附近，并使曲线两侧的点数大致相等。

B. 定量绘制的坐标图，其坐标轴上必须注明该坐标所代表的变量名称、符号及所用的单位。

C. 图必须有图号和图题（图名），必要时还应有图注。

D. 不同线上的数据点可用○、□等不同符号表示，且必须在图上明显地标出。

2. 实验数据的回归分析

在实验研究中，除了用表格和图形描述变量的关系，常常把实验数据整理成为方程式，以描述过程或现象的自变量和因变量之关系，即建立过程的数学模型。回归分析法是目前在寻求实验数据的变量关系间的数学模型时，应用最广泛的一种数学方法。回归分析法与电子计算机相结合，已成为确定模型表达式的最有效的手段之一。

（1）回归分析法的含义和内容

①回归分析

回归分析是处理变量之间相互关系的一种数理统计方法。用这种数学方法可以从大量观测的散点数据中寻找能反映事物内部特点的一些统计规律，并可以按数学模型形式表达出来，故称它为回归方程（回归模型）。

对具有相关关系的两个变量，若用一条直线描述，则称一元线性回归；若用一条曲线描述，则称一元非线性回归。对具有相关关系的三个变量，其中一个因变量、两个自变量，若用平面描述，则称二元线性回归；若用曲面描述，则称二元非线性回归。依此类推，可以延伸到 n 维空间进行回归，则称多元线性或非线性回归。

②回归分析法所包括的内容

回归分析法所包括的内容或可以解决的问题，概括起来有以下 4 个方面：

A. 根据一组实测数据，选择合适的回归表达式形式，选定适宜的回归方法，解方程得到变量之间的数学关系式，即回归方程式。

B. 判明所得到的回归方程式的有效性。回归方程式是通过数理统计方法得到的，是一种近似的结果，必须对它的有效性做出定量检验。

C. 根据一个或几个变量的取值，预测或控制另一变量的取值，并确定其准确度（精度）。

D. 进行因素分析。对于一个因变量受多个自变量（因素）的影响，则可以分清各自变量的主次，并分析各个自变量（因素）之间的相互关系。

（2）回归表达式形式的选择

鉴于化学和化工是以实验研究为主的科学领域，很难由纯数学物理方法推导出确定的数学模型，因而常采用半理论分析方法、纯经验方法和由实验曲线的形状确定相应的回归表达式形式。

①半理论分析方法

由量纲分析法推出准数关系式，是化工原理研究中最常见的一种方法。用量纲分析法不需要首先导出现象的微分方程。但是，如果已经有了微分方程暂时还难于得出解析解，或者又不想用数值解时，也可以从中导出准数关系式，然后由实验来最后确定其系数值。例如，动量、热量和质量传递过程的准数关系式分别为：

$$Eu = A\left(\frac{l}{d}\right)^a Re^b; \quad Nu = BRe^c Pr^d; \quad Sh = CRe^e Sc^f$$

各式中的常数（例如 A，a，b，…）可由实验数据通过计算求出。

②纯经验方法

根据各专业人员长期积累的经验，有时也可决定整理数据时应采用什么样的数学模型。比如，在不少化学反应中常有 $y = ae^{bt}$ 或者 $y = ae^{bt + ct^2}$ 形式。

对溶解热或热容和温度的关系常常可用多项式 $y = b_0 + b_1 x + b_2 x^2 + \cdots + b_m x^m$ 来表达。又如在生物实验中培养细菌，假设原来细菌的数量为 a，繁殖率为 b，则某一时刻的细菌总量 y 与时间 t 的关系也呈指数关系即 $y = z e^{bt}$ 等等。

③由实验曲线求回归表达式形式

如果在整理实验数据时，对选择模型既无理论指导又无经验可以借鉴，此时将实验数据先标绘在普通坐标纸上，得一直线或曲线。

如果是直线，则根据初等数学，可知：$y = a + bx$，其中的 a、b 值可由直线的截距和斜率求得。如果不是直线，也就是说，y 与 x 不是线性关系，则可将实验曲线和典型的函数关系相对照，选择与实验曲线相似的典型曲线函数，然后对所选函数与实验数据的符合程度加以检验。常见函数的典型图形列于表1—3中。

表1—3　化工中常见的曲线与函数式之间的关系（摘自《化工数据处理》）

序号	图形	函数及线性化方法
1	 $(b>0)$　　$(b<0)$	双曲线函数 $y = \dfrac{x}{ax+b}$
2		S形曲线 $y = \dfrac{1}{a+be^{-x}}$
3	 $(b>0)$　　$(b<0)$	指数函数 $y = ae^{bx}$

续表

序号	图形	函数及线性化方法
4	$(b>0)$ $(b<0)$	指数函数 $y = ae^{\frac{b}{x}}$
5	$b>1$ $b=1$ $0<b<1$ $-1<b<0$ $b=-1$ $b<-1$ $(b>0)$ $(b<0)$	幂函数 $y = ax^b$
6	$(b>0)$ $(b<0)$	对数函数 $y = a + b\lg x$

（1）一元线性回归

①回归直线的求法

在取得两个变量的实验数据之后，若在普通直角坐标纸上标出各个数据点，如果各点的分布近似于一条直线，则可考虑采用线性回归法求其表达式。

设给定 n 个数据点 (x_1, y_1)，(x_2, y_2)，…，(x_n, y_n)，可以利用一条直线来表达它们之间的关系

$$\hat{y} = a + bx \tag{1—17}$$

式中 $\hat{y}$—由回归式算出的值，称为回归值；

a，b—回归系数。

对每一测量值 x_i 均可由式（1—17）求出一回归值 $\hat{y}$。回归值 $\hat{y}_i$ 与实测值 y_i 之差的绝对值 $d_i = |y_i - \hat{y}_i| = |y_i - (a + bx_i)|$ 表明 y_i 与回归直线的偏离

程度。两者偏离程度愈小，说明直线与实现数据点拟合愈好。$|y_i - \hat{y}_i|$值代表点(x_i, y_i)沿平行于y轴方向到回归直线的距离。设

$$Q = \sum_{i=1}^{n} d_i^2 = \sum_{i=1}^{n} \left[y_i - (a + bx_i) \right]^2 \tag{1—18}$$

其中y_i，x_i是已知值，故Q为a和b的函数，为使Q值达到最小，根据数学的极值原理，只要将式（1—18）分别对a，b求偏导数$\dfrac{\partial Q}{\partial a}$，$\dfrac{\partial Q}{\partial b}$并令其等于零即可求$a$，$b$之值，这就是最小二乘法原理。即

$$\left. \begin{array}{l} \dfrac{\partial Q}{\partial a} = -2 \sum\limits_{i=1}^{n} (y_i - a - bx_i) = 0 \\[3mm] \dfrac{\partial Q}{\partial b} = -2 \sum\limits_{i=1}^{n} (y_i - a - bx_i) \, x_i = 0 \end{array} \right\} \tag{1—19}$$

由式（1—19）可得方程

$$\left. \begin{array}{l} a + \bar{x}b = \bar{y} \\[3mm] n\bar{x}a + \left(\sum\limits_{i=1}^{n} x_i^2 \right) b = \sum\limits_{i=1}^{n} x_i y_i \end{array} \right\} \tag{1—20}$$

$$\left. \begin{array}{l} \bar{x} = \dfrac{1}{n} \sum\limits_{i=1}^{n} x_i \\[3mm] \text{式中} \quad \bar{y} = \dfrac{1}{n} \sum\limits_{i=1}^{n} y_i \end{array} \right\} \tag{1—21}$$

解方程（1—20），可得到回归式中的a（截距）和b（斜率），即

$$b = \frac{\sum x_i y_i - n\bar{x}\bar{y}}{\sum x_i^2 - n(\bar{x})^2} \tag{1—22}$$

$$a = \bar{y} - b\bar{x} \tag{1—23}$$

可见，回归直线正好通过离散点的平均值$(\bar{x}, \bar{y})$。为计算方便，令

$$l_{xx} = \sum (x_i - \bar{x})^2 = \sum x_i^2 - n\bar{x}^2 = \sum x_i^2 - \frac{1}{n} (\sum x_i)^2 \tag{1—24}$$

$$l_{yy} = \sum (y_i - \bar{y})^2 = \sum y_i^2 - n\bar{y}^2 = \sum y_i^2 - \frac{1}{n} (\sum y_i)^2 \tag{1—25}$$

$$l_{xy} = \sum (x_i - \bar{x})(y_i - \bar{y}) = \sum x_i y_i - n\bar{x}\bar{y} = \sum x_i y_i - \frac{1}{n}[(\sum x_i)(\sum y_i)] \tag{1—26}$$

可得：

$$b = \frac{l_{xy}}{l_{xx}} \tag{1—27}$$

以上各式中的 l_{xx}，l_{yy} 称为 x、y 的离差平方和，l_{xy} 为 x、y 的离差乘积和，若改换 x、y 的单位，回归系数值会有所不同。

[例1—1] 已知表1—4（a）中的实验数据 y_i 和 x_i 成直线关系，试求其回归式。

表1—4（a）　　实验测得 y 与 x 的数据

序号	1	2	3	4	5	6	7	8
x_i	6.9	7.6	7.6	9.0	8.1	6.5	6.4	6.9
y_i	24	20	18	10	12	30	28	24

解：

$$\bar{x} = \frac{1}{8}\sum_{i=1}^{8} x_i = \frac{59}{8} = 7.375，\quad \bar{y} = \frac{1}{8}\sum_{i=1}^{8} y_i = \frac{166}{8} = 20.75$$

根据表中数据可列表计算，其结果见表1—4（b）。

表1—4（b）　　实验数据及计算值

序号	x_i	y_i	x_i^2	$x_i y_i$	y_i^2
1	6.9	24	47.61	165.6	576
2	7.6	20	57.76	152.0	400
3	7.6	18	57.76	136.8	324
4	9.0	10	81.00	90.0	100
5	8.1	12	65.61	97.2	144
6	6.5	30	42.25	195.0	900
7	6.4	28	40.96	179.2	784
8	6.9	24	47.76	165.6	576
Σ	59.0	166	440.56	1181.4	3804

$$b = \frac{l_{xy}}{l_{xx}} = \frac{\sum x_i y_i - n\bar{x}\,\bar{y}}{\sum x_i^2 - n\bar{x}^2} = \frac{1181.4 - 8 \times 7.375 \times 20.75}{440.56 - 8 \times (7.375)^2} = -7.88$$

$$a = \bar{y} - b\bar{x} = 20.75 - (-7.88) \times 7.375 = 81.7$$

故回归方程为

$$\hat{y} = 81.7 - 7.88x$$

②回归效果的检验

在以上求回归方程的计算过程中，并不需要事先假定两个变量之间一定有某种相关关系。因此，必须对回归效果进行检验。

A. 离差、回归和剩余平方和及其自由度

a. 离差、回归和剩余平方和

实验值 y_i 与平均值 $\bar{y}$ 的差（$y_i - \bar{y}$）称为离差，n 次试验值 y_i 的离差平方和 $l_{yy} = \sum (y_i - \bar{y})^2$ 愈大，说明 y_i 的数值变动愈大。所以

$$l_{yy} = \sum (y_i - \hat{y}_i)^2 + \sum (\hat{y}_i - \bar{y})^2 \qquad (1\text{—}28)$$

令

$$Q = \sum (y_i - \hat{y}_i)^2 \qquad (1\text{—}29)$$

$$U = \sum (\hat{y}_i - \bar{y})^2 \qquad (1\text{—}30)$$

式（1—28）可写成

$$l_{yy} = Q + U \qquad (1\text{—}31)$$

式（1—31）称为平方和分解公式，理解并记住它对于掌握回归分析方法很有帮助。为便于理解，用图形说明之（见图1—3）。

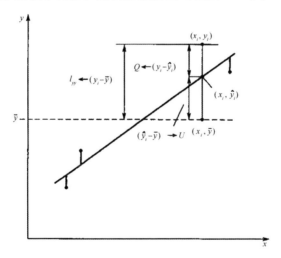

图1—3 l_{yy}、Q、U 含义示意图

$U = \sum (\hat{y}_i - \bar{y})^2$ 是回归线上 $\hat{y}_1$，$\hat{y}_2$，$\cdots$，$\hat{y}_n$ 的值和平均值 $\bar{y}$ 之差的平方和，称为回归平方和。

$$U = \sum (\hat{y}_i - \bar{y})^2 = \sum (a + bx_i - \bar{y})^2 = \sum \left[b(x_i - \bar{x}) \right]^2 = b^2 \sum (x_i - \bar{x})^2 = bl_{xy}$$

$$(1—32)$$

$$Q = \sum (y_i - \hat{y}_i)^2 = \sum \left[y_i - (a + bx_i) \right]^2 \qquad (1—33)$$

式（1—33）代表实验值 y 与回归直线上纵坐标 $\hat{y}_i$ 值之差的平方和。它包括了 x 对 y 线性关系影响以外的其他一切因素对 y 值变化的作用，所以常称为剩余平方和或残差平方和。

在总的离差平方和 l_{yy} 中，U 所占的比重愈大，Q 的比重愈小，则回归效果愈好，误差越小。

b. 各平方和的自由度 f

所谓自由度（f），简单地说，是指计算偏差平方和时，涉及独立平方和的数据个数。每一个平方和都有一个自由度与其对应，若是变量对平均值的偏差平方和，其自由度 f 是数据的个数（n）减 1（例如离差平方和）。如果一个平方和是由几部分的平方和组成，则自由度 $f_\text{总}$ 等于各部分平方和的自由度之和。因为总离差平方和在数值上可以分解为回归平方和 U 和剩余平方和 Q 两部分，故

$$f_\text{总} = f_U + f_Q \qquad (1—34)$$

式中　$f_\text{总}$——总离差平方和 l_{yy} 的自由度，$f_\text{总} = n - 1$，n 等于总的实验点数；

f_U——回归平方和的自由度，f_U 等于自变量的个数 m；

f_Q——剩余平方和的自由度，$f_Q = f_\text{总} - f_u = (n - 1) - m$。

对于一元线性回归，$f_\text{总} = n - 1$，$f_U = 1$，$f_Q = n - 2$。

c. 方差

平方和除以对应的自由度后所得值称为方差或均差。

回归方差 $V_U = \dfrac{U}{f_U} = \dfrac{U}{m}$ \qquad (1—35)

剩余方差 $V_Q = \dfrac{Q}{f_Q}$ \qquad (1—36)

剩余标准差 $s = \sqrt{V_Q} = \sqrt{\dfrac{Q}{f_Q}}$ \qquad (1—37)

s 愈小，回归方程对实验点的拟合程度愈高，亦即回归方程的精度愈高。

B. 实验数据的相关性

a. 相关系数 r

相关系数 r 是说明两个变量线性关系密切程度的一个数量性指标。其定义为：

$$r = \frac{l_{xy}}{\sqrt{l_{xx}l_{yy}}} \tag{1—38}$$

$$r^2 = \frac{l_{xy}^2}{l_{xx}l_{yy}} = \left(\frac{l_{xy}}{l_{xx}}\right)^2 \frac{l_{xx}}{l_{yy}} = \frac{b^2 l_{xx}}{l_{yy}} = \frac{U}{l_{yy}} = 1 - \frac{Q}{l_{yy}} \tag{1—39}$$

由式（1—39）可看出 r^2 正好代表了回归平方和 U 与离差平方和 l_{yy} 的比值。

r 的几何意义可用图 1—1 说明。

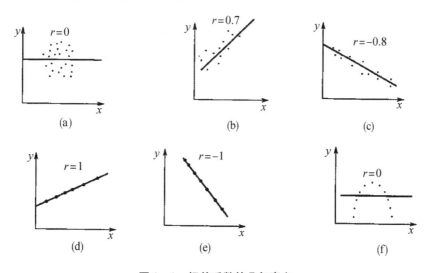

图1—1 相关系数的几何意义

$|r| = 0$：此时 $l_{xy} = 0$，回归直线的斜率 $b = 0$，$U = 0$，$Q = l_{yy}$，$\hat{y}_i$ 不随 x_i 而变化。此时离散点的分布有两种情况：或是完全不规则，x、y 间完全没有关系，如图 1—1（a）；或是 x、y 间有某种特殊的非线性关系，如图 1—1（f）所示。

$0 < |r| < 1$：绝大多数属于此种情况，此时 x 与 y 存在一定线性关系。若 $l_{xy} > 0$，则 $b > 0$，$r > 0$，离散点图的分布特点是 y 随 x 增大而增大，

如图1—1（b）所示，称为x与y正相关。若$l_{xy}<0$，则$b<0$，$r<0$，y随x增大而减小，如图1—1（c）所示，称x与y负相关。r的绝对值愈小，（U/l_{yy}）愈小，离散点距回归线愈远，愈分散；r的绝对值愈接近于1，离散点就愈靠近回归直线。

$|r|=1$：此时，$Q=0$，$U=l_{yy}$，即所有的点都落在回归直线上，此时称x与y完全线性相关。当$r=1$时，称完全正相关；$r=-1$时，称完全负相关。如图1—1（d）、（e）所示。

b. 显著性检验

如上所述，相关系数r的绝对值愈接近于1，x、y间愈线性相关。但究竟$|r|$与1接近到什么程度才能说明x与y之间存在线性相关关系呢？这就有必要对相关系数进行显著性检验。只有当$|r|$达到一定程度才可以用回归直线来近似地表示x、y之间的关系。此时，可以说线性相关显著。一般来说，相关系数r达到使线性相关显著的值与实验数据点的个数n有关。因此，只有$|r|>r_{\min}$时，才能采用线性回归方程来描述其变量之间的关系。$r_{\min}$值可见相关系数检验表（见附录3）。利用该表可根据实验点个数n及显著水平α查出相应的$r_{\min}$。一般取显著性水平$\alpha=1\%$或5%。

若检验发现回归线性相关不显著，可改用其他线性化的数学公式重新进行回归和检验。若能利用多个数学公式进行回归和比较，$|r|$大者可认为最优。

［例1—2］检验例1—1中数据x、y的相关性。

解：$l_{xy}=\sum x_i y_i-\dfrac{1}{n}\big[(\sum x_i)(\sum y_i)\big]=1181.4-\dfrac{1}{8}\times 59\times 166=-42.85$

$$l_{xx}=\sum x_i^2-\frac{1}{n}(\sum x_i)^2=440.56-\frac{1}{8}\times 59^2=5.435$$

$$l_{yy}=\sum y_i^2-\frac{1}{n}(\sum y_i)^2=3.804-\frac{1}{8}\times 166^2=359.5$$

$$r=\frac{l_{xy}}{\sqrt{l_{xx}l_{yy}}}=\frac{-42.85}{\sqrt{5.435\times 359.5}}=-0.969$$

由$n=8$，$n-2=6$，查相关系数检验表，得

$$r_{\min}（\alpha=0.05）=0.707<|r|$$

$$r_{\min}（\alpha=0.01）=0.834<|r|$$

因此，例1—1的x、y两变量线性相关在$\alpha=0.01$的高水平上仍然是

显著的，因此在 x、y 间求回归直线是完全合理的。

C. 回归方程的方差分析

方差分析是检验线性回归效果好坏的另一种方法。通常采用 F 检验法，因此要计算统计量

$$F = \frac{回归方差}{剩余方差} = \frac{U/f_U}{Q/f_Q} = \frac{V_U}{V_Q} \tag{1—40}$$

对一元线性回归的方差分析过程见表 1—5. 由于 $f_U = 1$，$f_Q = n - 2$，则

$$F = \frac{U/1}{Q/（n - 2）} \tag{1—41}$$

然后将计算所得的 F 值与 F 分布数值表所列的值相比较。

F 分布表中有两个自由度 f_1 和 f_2，分别对应于 F 计算公式（1—40）中分子的自由度 f_U，与分母的自由度 f_Q。对于一元回归中，$f_1 = f_U = 1$，$f_2 = f_Q = n - 2$。有时将分子自由度称为第一自由度，分母自由度称为第二自由度。

表 1—3　一元线性回归的方差分析表

名称	平方和	自由度	方差	方差比	显著性
回归	$U = \sum （\hat{y}_i - \bar{y}）^2$	$f_U = m = 1$	$V_U = U/f_U$	$F = V_U/V_Q$	
剩余	$Q = \sum （y_i - \hat{y}_i）^2$	$f_Q = n - 2$	$V_Q = Q/n - 2$		
总计	$l_{yy} = \sum （y_i - \bar{y}）^2$	$f_总 = n - 1$			

F 分布表中显著水平 α 有 0.25，0.10，0.05，0.01 四种，一般宜先查找 $\alpha = 0.01$ 时的最小值 $F_{0.01}（f_1，f_2）$，与由式（1—41）计算而得的方差比 F 进行比较，若 $F \geqslant F_{0.01}（f_1，f_2）$，则可以为回归高度显著（称在 0.01 水平上显著），于是可结束显著性检验；否则再查较大 α 值相应的 F 最小值，如 $F_{0.05}（f_1，f_2）$，与实验的方差比 F 相比较，若 $F_{0.01}（f_1，f_2）> F \geqslant F_{0.05}（f_1，f_2）$，则可认为回归在 0.05 水平上显著，于是显著性检验可告结束。以此类推。若 $F < F_{0.25}（f_1，f_2）$，则可认为回归在 0.25 的水平上仍不显著，亦即 y 与 x 的线性关系很不密切。

对于任何一元线性回归问题，如果进行方差分析中的 F 检验后，就无须再作相关系数的显著性检验。因为两种检验是完全等价的，实质上说明同样的问题。

$$F = （n - 2）\frac{U}{Q} = （n - 2）\frac{U/l_{yy}}{Q/l_{yy}} = （n - 2）\frac{r^2}{1 - r^2} \tag{1—42}$$

根据上式，可由 F 值解出对应的相关系数 r 值，或由 r 值求出相应的 F 值。

[例1—3] 对例1—2的数据进行方差分析，检验其回归的显著性。

解：$U = \sum (\hat{y}_i - \bar{y})^2 = bl_{xy} = (-7.88) \times (-42.85) = 337.66$

$$Q = l_{yy} - U = 359.5 - 337.66 = 21.84$$

查附录4得 $F_{0.01}$（1，6）$= 13.74 < F$，故知所作回归在最高水平0.01水平式仍然是显著的。此结论与例1—2用相关系数 r 做显著性检验的结论是一致的。方差分析计算结果见表1—4。

表1—4　数据的方差分析结果

名称	平方和	自由度	方差	方差比
回归	$U = 84.43$	$f_U = m = 1$	$V_U = U/f_U = 337.66$	$F = V_U/V_Q$
剩余	$Q = 5.45$	$f_Q = f_总 - f_U$	$V_Q = Q/f_Q = 3.64$	$= 337.64/3.64$
总计	$l_{yy} = 89.88$	$f_总 = n - 1 = 7$		$= 92.8$

将例1—2求得的 $r = -0.969$，代入式（1—42）得

$$F = (n-2)\frac{r^2}{1-r^2} = (8-2) \times \frac{0.969^2}{1-0.969^2} = 92.3$$

与例1—3方差分析所得的 F 一致。

将例1—3查出的 $F_{0.01}$（1，6）$= 13.74$ 代入式（1—55），得

$$13.74 = (8-2)\frac{r^2}{1-r^2}$$

解得 $r = 0.834$，与例1—2查出的 r_{min}（$\alpha = 0.01$）也完全一致。

③根据回归方程预报 y 值的准确度

一元线性回归中的剩余标准值差

$$s = \sqrt{\frac{Q}{n-2}} = \sqrt{\frac{\sum (y_i - \hat{y}_i)^2}{n-2}} \qquad (1—43)$$

与标准误差 δ 的数学意义是完全相同的。差别仅在于求 δ 时自由度为 $n-1$，而求 s 时自由度为 $n-2$。即因变量 y 的标准误差 δ 可用剩余标准差 s 来估计

$$s = \sqrt{\frac{Q}{n-2}} = \sqrt{\frac{l_{yy} - bl_{xy}}{n-2}} \qquad (1—44)$$

y 值出现的概率与剩余标准差之间存在以下关系：即被预测的 y 值落在 $y_0 \pm 2s$ 区间内概率约为 95.4% ，落在 $y_0 \pm 3s$ 区间内概率约为 99.7% 。由此可见，剩余标准差 s 愈小，则利用回归方程预报的 y 值愈准确，故 s 值的大小是预报准确度的标志。

〔例 1—4〕试根据例 1—1 中的回归方程 $\hat{y} = 81.7 - 7.88x$ ，预报 y 值。

解：由例 1—3 得 $Q = 21.84$ ，则剩余标准差为

$$s = \sqrt{\frac{Q}{n-2}} = \sqrt{\frac{21.84}{8-2}} = 1.908$$

$$y' = a - 2s + bx = 81.7 - 2 \times 1.908 + (-7.88)x = 77.9 - 7.88x$$

$$y'' = a + 2s + bx = 81.7 + 2 \times 1.908 + (-7.88)x = 85.5 - 7.88x$$

（3）非线性回归

在许多实际问题中，回归函数往往是比较复杂的非线性函数。非线性函数的求解一般可分为将非线性变换成线性和不能变换成线性两大类。

①非线性回归的线性化

工程上很多非线性关系可以通过对变量作适当的变换，转化成线性问题处理。一般方法是，对自变量与因变量作适当的变换，转化为线性的相关关系，即转化为线性方程，然后用线性回归来分析处理问题。

〔例 1—5〕求流体在圆形直筒内作强制湍流时的对流传热关联式

$$Nu = BRe^m Pr^n \tag{1—45}$$

中的常数 B 、m 、n 。由实验所得数据列于表 1—5（a）。

表 1—5（a） 数据表

序号	$Nu \times 10^{-2}$	y	$Re \times 10^{-4}$	x_1	Pr	x_2
1	1.8016	2.2556	2.4465	4.3885	7.76	0.8899
2	1.6850	2.2266	2.3816	4.3769	7.74	0.8887
3	1.5069	2.1780	2.0519	4.3122	7.70	0.8865
4	1.2769	2.1062	1.7143	4.2341	7.67	0.8848
5	1.0783	2.0327	1.3785	4.1394	7.63	0.8825
6	0.8350	1.9217	1.0352	4.0150	7.62	0.8820
7	0.4027	1.6050	1.4202	4.1523	0.71	−0.1487

续表

序号	$Nu \times 10^{-2}$	y	$Re \times 10^{-4}$	x_1	Pr	x_2
8	0.5672	1.7537	2.2224	4.3468	0.71	−0.1487
9	0.7206	1.8577	3.0208	4.4801	0.71	−0.1487
10	0.8457	1.9272	3.7772	4.5772	0.71	−0.1487
11	0.9353	1.9714	4.4459	4.6480	0.71	−0.1487
12	0.9579	1.9813	4.5472	4.6577	0.71	−0.1487

解：首先应将式（1—45）转化为线性方程。方程两边取对数得：

$$\lg Nu = \lg B + m \lg R + n \lg Pr \tag{1—46}$$

令 $y = \lg Nu$，$x_1 = \lg Re$，$x_2 = \lg Pr$，$b_0 = \lg B$，$b_1 = m$，$b_2 = n$，则式（1—45）可转化为

$$y = b_0 + b_1 x_1 + b_2 x_2 \tag{1—47}$$

转化后方程中的 y、x_1 和 x_2 值见表1—5（a）。

然后，对经变换得到的线性方程（1—47），按照线性回归方法处理。

该方程的自变量个数较少，可采用列表法用计算器计算，所得数据见表1—5（b）；如果自变量的个数比较多，可采用计算机编程计算。

表1—5（b）　回归计算值

序号	x_1	x_2	y	x_1^2	x_2^2	y^2	$x_1 x_2$	$x_1 y$	$x_2 y$
1	4.3885	0.8899	2.2556	19.2589	0.7919	5.0877	3.9053	9.8987	2.0073
2	4.3769	0.8887	2.2266	19.1572	0.7898	4.9577	3.8898	9.7456	1.9766
3	4.3122	0.8865	2.1780	18.5951	0.7859	4.7437	3.8228	9.3920	1.9308
4	4.2341	0.8848	2.1062	17.9276	0.7829	4.4361	3.7463	8.9179	1.8636
5	4.1394	0.8825	2.0327	17.1346	0.7788	4.1319	3.6530	8.4142	1.7939
6	4.0150	0.8820	1.9217	16.1200	0.0221	3.6929	3.5412	7.7156	1.6949
7	4.1523	−0.1487	1.6050	17.2416	0.0221	2.5760	−0.6174	6.6644	−0.2387
8	4.3468	−0.1487	1.7537	18.8946	0.0221	3.0755	−0.6464	7.6230	−0.2608
9	4.4801	−0.1487	1.8577	20.0713	0.0221	3.4510	−0.6662	8.3227	−0.2762
10	4.5772	−0.1487	1.9272	20.9507	0.0221	3.7141	−0.6806	8.8212	−0.2866

续表

序号	x_1	x_2	y	x_1^2	x_2^2	y^2	$x_1 x_2$	$x_1 y$	$x_2 y$
11	4.6480	−0.1487	1.9714	21.6039	0.0221	3.8848	−0.6912	9.1612	−0.2931
12	4.6577	−0.1487	1.9813	21.6942	0.0221	3.9255	−0.6926	9.2283	0.2946
Σ	52.3282	4.4222	23.8167	228.6497	4.7293	47.6769	18.5638	103.9098	9.6099

由表1—5（b）计算结果可得正规方程中的系数和常数值列于表1—5（c）。

表1—5（c）　　正规方程中的系数和常数值

名称	l_{11}	$l_{12}=l_{21}$	l_{22}	l_{1y}	l_{2y}	l_{yy}	$\bar{y}$	$\bar{x}_1$	$\bar{x}_2$
数值	0.4616	−0.7190	3.2104	0.0485	0.8429	0.4073	1.9847	4.3607	0.3685

根据上面的数据可列出正规方程组

$$\begin{cases} 0.4616 b_1 - 0.7190 b_2 = 0.0485 \\ -0.7190 b_1 + 3.2104 b_2 = 0.8429 \end{cases}$$

解得方程得　　$b_1 = 0.789$，$b_2 = 0.0485$

因为 $b_0 = \bar{y} - b_1 \bar{x}_1 + b_2 \bar{x}_2$，则有

$$b_0 = 1.9847 - 0.789 \times 4.3607 - 0.439 \times 0.3685 = -1.618$$

线性回归方程为

$$\hat{y} = b_0 + b_1 x_1 + b_2 x_2 = -1.618 + 0.79 x_1 + 0.44 x_2 \qquad (1-48)$$

从而求得对流传关联式中各系数为

$$m = b_1 = 0.79, \quad n = b_2 = 0.44, \quad b = \lg^{-1} b_0 = 0.024$$

则准数关联式

$$\hat{Nu} = 0.024 Re^{0.79} Pr^{0.41} \qquad (1-49)$$

Nu 实测值和回归值的比较见表1—5（d）

表1—5（d）　　回归结果对照表

序号	1	2	3	4	5	6	7	8	9	10	11	12
$Nu \times 10^{-2}$	1.8016	1.6850	1.5069	1.2769	1.0783	0.8350	0.4027	0.5672	0.7206	0.8457	0.9353	0.9579
$\hat{Nu} \times 10^{-2}$	1.7326	1.6974	1.5027	1.3015	1.0931	0.8712	0.3937	0.5607	0.7146	0.8526	0.9697	0.9871

注：$\overline{Nu} = 105.109$

第三步对回归方程进行显著性检验，特别要说明的是，这里最后需要的回归式是（1—49），所以应对式（1—49）进行显著性检验，而不是对线性化之后的线性方程的回归式（1—48）进行检验，因为线性化之前的非线性化方程形式各异，情况很复杂，对应的 l_{yy} 不一定等于对应的 $(Q + U)$，故用 F 分布函数作显著性检验，是一种近似处理的方法。

Nu 的离差平方和为

$$(l_{yy})_{Nu} = \sum_{i=1}^{n} (Nu_i - \overline{Nu})^2 = (180.16 - 105.109)^2$$
$$+ (168.5 - 105.109)^2 + \cdots = 20993.55$$
$$f_{总} = n - 1 = 11$$

回归平方和

$$U = \sum (\hat{Nu}_i - \overline{Nu})^2 = (173.26 - 105.109)^2$$
$$+ (169.43 - 105.109)^2 + \cdots = 20149.42$$
$$f_U = m = 2$$

剩余平方和

$$Q = \sum (Nu_i - \hat{Nu}_i)^2 = (180.16 - 173.26)^2 + (168.5 - 169.43)^2 + \cdots = 92.05$$
$$f_Q = 11 - 2 = 9$$
$$(U)_{Nu} + (Q)_{Nu} = 20241.92$$

对 $(l_{yy})_{Nu}$ 的相对偏差 $= (20241.92 - 20993.55)/20993.55 = -3.6 \times 10^{-2}$

方差比 $F = \dfrac{20149.42/2}{92.50/9} = 980.2$

查 F 分布表得 $F_{0.01}$ （2，9）$= 8.02 \ll 980.2$。所求之关联式（1—49）在 $\alpha = 0.01$ 水平上高度显著。

第四步，预报 $\hat{Nu}$ 值的准确度

剩余标准差

$$(s)_{Nu} = \sqrt{\frac{(Q)_{Nu}}{f_Q}} = \sqrt{\frac{92.5}{9}} = 3.2059$$

所以预报 Nu 值的绝对误差 $\leq 2(s)_{Nu} = 6.4$ （概率95.4%）。

②直接进行非线性回归

对于不能转化为直线模型的非线性函数模型，需要用非线性最小二乘法进行回归。非线性函数的一般形式为

$$y = f(x, B_1, B_2, \cdots, B_i, \cdots, B_m)(i = 1, 2, \cdots, m)$$

x 可以是单个变量，也可以是 p 个变量，即 $x = (x_1, x_2, x_3, \cdots\cdots,$ $x_p)$。一般的非线性问题在数值计算中通常是用逐次逼近的方法来处理，其实质就是逐次"线性化"。具体解法参阅相关著作。

六、化工原理实验注意事项

化工原理实验与一般化学实验比较起来有共同之处，也有其本身的特殊性。每一个实验相当于一个小型单元生产流程，电器、仪表和机械传动设备等组合为一体。为了保证人身安全和仪器设备的正常使用，安全成功地完成实验，除了各个实验的特殊要求外，还有一些进行化工实验必须遵守的注意事项和一些必须具备的安全知识，包括实验室的防水、用电、防爆和防毒等安全知识与环保操作规范。

1. 实验室一般注意事项

（1）在实验过程中要爱护实验设备与器材，精心操作，精心维护。化工实验装置较复杂，安装一套实验装置，集中了不少人的辛勤劳动，并且备用的装置和设备较少，往往因一个人的粗心大意或使用不当，不仅造成仪器损失，而且会使实验教学中断。

（2）实验前要认真仔细检查实验装置和仪器仪表是否完好；实验完毕要认真进行整理，装置恢复原状，保持整洁。若有损坏的要立即报告，说明原因。有了损坏和隐患隐瞒不报告，往往会使下一轮进行实验的人不明真相而发生事故。

（3）实验过程中，注意分工配合，严守自己的岗位，精心操作。要集中精力观察、记录与思考。严格按操作规程操作，关心和注意实验的进行，随时观察仪表指示值的变动，保证操作过程在稳定的条件下进行。产生不合规律的现象时要及时观察研究，分析原因，不要轻易放过。注意培养严肃认真的科学作风。

在实验室不要嬉闹和大声说话，不允许擅自离开岗位，不做与实验无关的事情。

（4）加强安全风险防范意识。实验前要考虑到万一发生事故应如何处理，搞清楚实验室总电闸的位置和灭火器材的安放地点，并学会灭火器材的使用。

操作过程设备及仪表发生问题应立即按停车步骤停车，报告指导教师。同时应自己分析原因供教师参考。未经教师同意不得自行处理。在教师处理问题时，学生应了解其过程，这是学习分析问题与处理问题的好机会。

2. 安全知识

为了确保设备和人身安全，进行化工实验的人员必须具备以下一些最基本的安全知识。

（1）化学药品

在化工实验中所接触的化学药品，虽不如化学实验的品种多，但凡是在使用化学药品之前，一定要了解该药品的性能，如毒性、易燃性和易爆性等，并搞清楚其使用方法和防护措施。

①有毒药品

在化工实验中，压差计中所用的水银和四氯化碳，是易被忽视的毒物，由于操作不慎，压差计中的水银或四氯化碳容易冲洒出来。水银是一种累积性毒物，进入人体后不易被排除，积累多了就会中毒。因此，对压差计要慎重操作，开关阀门要缓慢，防止冲走压差计中的水银。一旦水银被冲洒出来，一定要认真地尽可能地将其收集起来，实在无法收集的细粒，要用硫黄粉或氧化铁溶液覆盖，绝不能用扫帚一扫或用水一冲了之。

②易燃易爆品

在化工实验中，还会使用到一些易燃易爆品。如汽液平衡实验和精馏实验所采用的物系（如乙醇、丙醇等）多为易燃易爆品，存在着一定的安全隐患，所以在实验时一定要注意防火防爆。首先要严格按照实验的规范进行操作，避免物系暴沸，在加药、取样分析时注意不要让药品泄漏外滴；其次要注意实验室的通风，不要让挥发出来的易燃易爆气体积累；最后要熟悉所用易燃易爆品的消防常识。

万一着火，应保持沉着镇静，不要惊慌失措，立即采取各种正确的措施及时进行有效的处理。一是扑灭火源。对乙醇、丙醇等有机物品的着火，面积不大的可用湿抹布、石棉布或砂子盖灭，较大面积的应采用干粉灭火器或二氧化碳灭火器灭火，不可用水进行扑救。衣服着火时，应立即用湿布或石棉布压灭火焰；如果燃烧面积较大，可躺在地上打几个滚压灭。衣服着火时，绝不可慌张乱跑。二是防止火势扩展。迅速移走一切可燃物，关闭电闸，切断电源，停止通风，并疏散实验室人员。

（2）电器设备

化工实验中电器设备较多，某些设备的负荷也较高。因此，注意安全用电极为重要。一方面要健全电器设备的安全措施，另一方面要严格遵守操作规程。实验操作时，必须遵守下列规定。

①在设备启动前必须检查以下事项

A. 认真检查电器设备和电路是否符合规定要求，对于直流电设备应检查正、负极是否接对；

B. 泵、风机、压缩机、电机等转动设备，用手使其运转，从感觉及声音上判别有无异常；检查润滑油位是否正常。

C. 设备上阀门的开、关状态。

D. 接入设备的仪表开、关状态。

E. 拥有的安全措施，如防护罩、绝缘垫、隔热层等。

F. 搞清楚整套实验装置的启动和停车操作顺序，以及紧急停车的方法。

②仪器仪表使用前必须做到的事项

A. 熟悉原理与结构。

B. 掌握连接方法与操作步骤。

C. 分清量程范围，掌握正确的读数方法。

③严禁用湿手接触电闸、开关或任何电器，电器设备要保持干燥清洁。

④接通电源之后，若发现异常声音或气味，应立即断开电源。若无异常情况，则再用电笔检查设备是否漏电。

⑤操作电负荷较大的设备时，最好穿胶底鞋或塑料底鞋，尽量不要用两手同时接触负电设备。

⑥当实验设备的管路出现漏水时，应及时切断实验设备的电源，以避免漏电发生。

⑦进入实验室后，要搞清楚总水闸、电闸、气源阀门的位置和灭火器材的安放地点；实验结束时应先将有关的热源、水源、气源、仪表的阀门关闭，然后再切断电机电源。离开实验室前必须把实验室的总电闸拉下。

七、正交试验设计方法

1. 试验设计方法概述

试验设计是数理统计学的一个重要的分支。多数数理统计方法主要用于分析已经得到的数据，而试验设计却是用于决定数据收集的方法。试验设计方法主要讨论如何合理地安排试验以及试验所得的数据如何分析等。

下面介绍正交试验设计方法。

[例1—6] 某化工厂想提高某化工产品的质量和产量，对工艺中三个主要因素各按三个水平进行试验（见表1—6）。试验的目的是为了提高合格产品的产量，寻求最适宜的操作条件。

表1—6　因素水平

水平＼因素	温度 $T/℃$	压力 p/Pa	加碱量 m/kg
1	T_1（80）	p_1（5.0）	m_1（2.0）
2	T_2（100）	p_2（6.0）	m_2（2.5）
3	T_3（120）	p_3（7.0）	m_3（3.0）

很容易想到的是全面搭配方案，如图1—2所示。

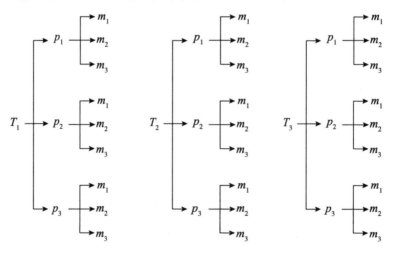

图1—2　全面搭配法方案

此方案数据点分布的均匀性极好，因素和水平的搭配十分全面，唯一的缺点是试验次数多达 $3^3 = 27$ 次（指数 3 代表 3 个因素，底数 3 代表每因素有 3 个水平）。因素、水平数愈多，则试验次数就愈多，例如：做一个 6 因素 3 水平的试验，就需 $3^6 = 729$ 次试验，显然难以做到。因此需要寻找一种合适的试验设计方法。

试验设计方法常用的术语定义如下：

（1）试验指标：指作为试验研究过程的因变量，常为试验结果特征的量（如得率、纯度等）。［例1—6］的试验指标为合格产品的产量。

（2）因素：指做试验研究过程的自变量，常常是造成试验指标按某种规律发生变化的原因。如［例1—6］的温度、压力、碱的用量。

（3）水平：指试验中因素所处的具体状态或情况，又称为等级。如［例1—6］的温度有 3 个水平。温度用 T 表示，下标 1、2、3 表示因素的不同水平，分别记为 T_1、T_2、T_3。

常用的试验设计方法有：正交试验设计法、均匀试验设计法、单纯形优化法、双水平单纯形优化法、回归正交设计法、序贯试验设计法等。可供选择的试验方法很多，各种试验设计方法都有其一定的特点。所面对的任务与要解决的问题不同，选择的试验设计方法也应有所不同。本教材只介绍正交试验设计方法。

2. 正交试验设计方法的特点

用正交表安排多因素试验的方法，称为正交试验设计法。其特点为：完成试验要求所需的试验次数少；数据点的分布很均匀；可用相应的极差分析方法、方差分析方法、回归分析方法等对试验结果进行分析，引出许多有价值的结论。

从［例1—6］可看出，采用全面搭配法方案，需做 27 次试验。那么采用简单比较法方案又如何呢？

先固定 T_1 和 p_1，只改变 m，观察因素 m 不同水平的影响，做了如图1—3（1）所示的三次试验，发现 $m = m_2$ 时的试验效果最好（好的用口表示），合格产品的产量最高，因此认为在后面的试验中因素 m 应取 m_2 水平。

固定 T_1 和 m_2，改变 p 的三次试验如图1—3（2）所示，发现 $p = p_3$ 水平。

固定 p_3 和 m_2，改变 T 的三次试验如图1—3（3）所示，发现因素 T

宜取 T_2 水平。

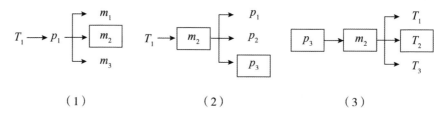

（1）   （2）   （3）

图 1—3　简单比较法方案

因此可以引出结论：为提高合格产品的产量，最适宜的操作条件为 $T_2p_3m_2$。与全面搭配法方案相比，简单比较法方案的优点是试验的次数少，只需做 9 次试验。但必须指出，简单比较法方案的试验结果是不可靠的，因为：

（1）在改变 m 值（或 p 值，或 T 值）的三次试验中，说 m_2（或 p_3 或 T_2）水平最好是有条件的。在 $T \neq T_1$，$p \neq p_1$ 时，m_2 水平不是最好的可能性是有的。

（2）在改变 m 的三次试验中，因定 $T = T_2$，$p = p_3$ 应该说也是随意的，故在此方案中数据点的分布的均匀性是毫无保障的。

（3）用这种方法比较条件好坏时，只是对单个的试验数据进行数值上的简单比较，不能排除必然存在的试验数据误差的干扰。

运用正交试验设计方法，不仅兼有上述两个方案的优点，而且试验次数少，数据点分布均匀，结论的可靠性较好。

正交试验设计方法是用正交表来安排试验的。对于［例 1—6］适用的正交表是 $L_9(3^4)$，其试验安排见表 1—7。

表 1—7　试验安排表

试验号	列号	1	2	3	4
	因素	温度 $T/℃$	压力 p/Pa	加碱量 m/kg	
1		1（T_1）	1（p_1）	1（m_1）	1
2		1（T_1）	2（p_2）	2（m_2）	2
3		1（T_1）	3（p_3）	3（m_3）	3
4		2（T_2）	1（p_1）	2（m_2）	3

续表

试验号	列号	1	2	3	4
	因素	温度 T/℃	压力 p/Pa	加碱量 m/kg	
5		2（T_2）	2（p_2）	3（m_3）	1
6		2（T_2）	3（p_3）	1（m_1）	2
7		3（T_3）	1（p_1）	3（m_3）	2
8		3（T_3）	2（p_2）	1（m_1）	3
9		3（T_3）	3（p_3）	2（m_2）	1

所有的正交表与 $L_9（3^4）$ 正交表一样，都具有以下两个特点：

（1）在每一列中，各个不同的数字出现的次数相同。在表 $L_9（3^4）$ 中，每一列有三个水平，水平1、2、3都是各出现3次。

（2）表中任意两列并列在一起形成若干个数字时，不同数字对出现的次数也都相同。在表 $L_9（3^4）$ 中，任意两列并列在一起形成的数字对共有9个：（1，1），（1，2），（1，3），（2，1），（2，2），（2，3），（3，1），（3，2），（3，3），每一个数字对各出现一次。

这两个特点称为正交性。正是由于正交表具有上述特点，就保证了用正交表安排的试验方案中因素水平是均衡搭配的，数据点的分布是均匀的。因素、水平数越多，运用正交试验设计方法，越发能显示出它的优越性，如上述提到的6因素3水平试验，用全面搭配方案需729次，若用正交表 $L_{27}（3^{13}）$ 来安排，则只需做27次试验。

在化工生产中，因素之间常有交互作用。如果上述的因素 T 的数值和水平发生变化时，试验指标随因素 p 变化的规律也发生变化，或反过来，因素 p 的数值和水平发生变化时，试验指标随因素 T 变化的规律也发生变化。这种情况称为因素 T、p 间有交互作用，记为 $T×p$。

3. 正交表

使用正交设计方法进行试验方案的设计，就必须用到正交表。部分常用正交表见附录五。

（1）单一水平正交表

单一水平正交表即各列水平数均相同的正交表。这类正交表名称的写法举例如下：

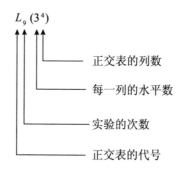

各列水平均为 2 的常用正交表有：L_4（2^3），L_8（2^7），L_{12}（2^{11}），L_{16}（2^{15}），L_{20}（2^{19}），L_{32}（2^{31}）；

各列水平均为 3 的常用正交表有：L_9（3^4），L_{27}（3^{13}）；

各列水平均为 4 的常用正交表有：L_{16}（4^5）；

各列水平均为 5 的常用正交表有：L_{25}（5^6）。

（2）混合水平正交表

各列水平数不相同的正交表，叫混合水平正交表，下为一个混合水平正交表名称的写法：

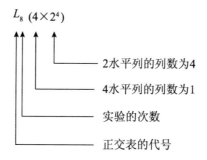

（3）选择正交表的基本原则

一般都是先确定试验的因素、水平和交互作用，后选择适用的 L 表。在确定因素的水平数时，主要因素宜多安排几个水平，次要因素可少安排几个水平。

①先看水平数。若各因素全是 2 水平，就选用 L（2^*）表；若各因素全是 3 水平，就先 L（3^*）表。若各因素的水平数不相同，就选择适用的混合水平表。

②每一个交互作用在正交表中应占一列或二列。要看所选的正交表是

否足够大，能否容纳得下所考虑的因素和交互作用。为了对试验结果进行方差分析或回归分析，还必须至少留一个空白列，作为"误差"列，在极差分析中要作为"其他因素"列处理。

③要看试验精度的要求。若要求高，则宜取试验次数多的 L 表。

④若试验费用很昂贵，或试验的经费很有限，或人力和时间都比较紧张，则不宜选试验次数太多的 L 表。

⑤按原来考虑的因素、水平和交互作用去选择正交表，若无正好适用的正交表可选，简便且可行的办法是适当修改原定的水平数。

⑥对某因素或某交互作用的影响是否确实存在没有把握的情况下，选择 L 表时常为该选大表还是选小表而犹豫。若条件许可，应尽量选用大表，让影响存在的可能性较大的因素和交互作用各点适当的列。某因素或某交互作用的影响是否真的存在，留到方差分析进行显著性检验时再做结论。这样既可以减少试验的工作量，又不至于漏掉重要的信息。

（4）正交表的表头设计

所谓表头设计，就是确定试验所考虑的因素和交互作用，在正交表中该放在哪一列的问题。

①有交互作用时，表头设计则必须严格地遵照规定。

②若试验不考虑交互作用，则表头设计可以是任意的。如在［例 1—6］中，对 $L_9(3^4)$ 表头设计，表 1—8 所列的各种方案都是可用的。但是正交表的构造是组合数学问题，必须满足正交表设计中所述的特点。对试验之初不考虑交互作用而选用较大的正交表，空列较多时，最好仍与有交互作用时一样，按规定进行表头设计。只不过将有交互作用的列先视为空列，待试验结束后再加以判定。

表 1—8 $L_9(3^4)$ 表头设计方案

方案＼列号	1	2	3	4
1	T	p	m	—
2	—	T	p	m
3	m	—	T	p
4	p	m	—	T

4. 正交试验的操作方法

（1）分区组。对于一批试验，如果要使用几台不同的机器，或要使用几种原料来进行，为了防止机器或原料的不同而带来误差，从而干扰试验的分析，可在开始做试验之前，用 L 表中未排因素和交互作用的一个空白列来安排机器或原料。

与此类似，若试验指标的检验需要几个人（或几台机器）来做，为了消除不同人（或仪器）检验水平不同给试验分析带来的干扰，也可采用有 L 表中用一空白列来安排的办法，这种做法叫分区组法。

（2）因素水平表排列顺序的随机化。如在［例1—6］中，每个因素的水平序号从小到大时，因素的数值总是按由小到大或由大到小的顺序排列。按正交表做试验时，所有的 1 水平要碰在一起，而这种极端的情况有时是不希望出现的，有时也没有实际意义。因此在排列因素水平表时，最好不要简单地按因素数值由小到大或由大到小的顺序排列。从理论上讲，最好能使用一种叫作随机化的方法。所谓随机化就是采用抽签或查随机数值表的办法，来决定排列的顺序。

（3）试验进行的次序没必要完全按照正交表上试验号码的顺序。为减少试验中由于先后试验操作熟练的程度不匀带来的误差干扰，理论上推荐用抽签的办法来决定试验的次序。

（4）在确定每一个试验的试验条件时，只需考虑所确定的几个因素和分区组该如何取值，而不要（其实也无法）考虑交互作用列和误差列怎么办。交互作用列和误差列的取值问题由试验本身的客观规律来确定，它们对指标影响的大小在方差分析时给出。

（5）做试验时，要力求严格控制试验条件。这个问题在因素各水平下的数值差别不大时更为重要。例如，［例1—6］中的因素（加碱量）m 的三个水平；$m_1 = 2.0$，$m_2 = 2.5$，$m_3 = 3.0$，在以 $m = m_2 = 2.5$ 为条件的某一个试验中，就必须严格认真地让 $m_2 = 2.5$。若因为粗心和不负责任，造成 $m_2 = 2.2$ 或造成 $m_2 = 3.0$，那就将使整个试验失去正交试验设计方法的特点，使极差和方差分析方法的应用丧失了必要的前提条件，因而得不到正确的试验结果。

5. 正交试验结果分析方法

正交试验方法之所以能得到科技工作者的重视并在实践中得到广泛的

应用，其原因不仅在于能使试验的次数减少，而且能够用相应的方法对试验结果进行分析并引出许多有价值的结论。因此，用正交试验法进行试验，如果不对试验结果进行认真的分析，并引出应该引出的结论，那就失去用正交试验法的意义和价值。

（1）极差分析方法

按表1—9讨论 $L_4(2^3)$ 正交试验结果的极差分析方法。极差指的是各列中各水平对应的试验指标平均值的最大值与最小值之差。按表1—9所列的极差法进行计算，分析正交试验结果，可引出以下几个结论：

表1—9　正交试验计算

列号		1	2	3	试验指标 y_i/备注
试验号（水平）	1	1	1	1	y_1
	2	1	2	2	y_2
	3	2	1	2	y_3
	4	2	2	1	y_4
I_j		$I_1 = y_1 + y_2$	$I_2 = y_1 + y_3$	$I_3 = y_1 + y_4$	第 j 列"1"水平所对应的试验指标数值之和
II_j		$II_1 = y_3 + y_4$	$II_1 = y_2 + y_4$	$II_1 = y_2 + y_3$	第 j 列"2"水平所对应的试验指标数值之和
k_j		$k_1 = 2$	$k_2 = 2$	$k_3 = 2$	第 j 列同一水平出现的次数，等于试验的次数除以第 j 列的水平数
I_j/k_j		I_1/k_1	I_2/k_2	I_3/k_3	第 j 列"1"水平所对应的试验指标平均值
II_j/k_j		II_1/k_1	II_2/k_2	II_3/k_3	第 j 列"2"水平所对应的试验指标平均值
极差 D_j		$\max\{\} - \min\{\}$	$\max\{\} - \min\{\}$	$\max\{\} - \min\{\}$	等于第 j 列各水平对应的试验指标平均值中最大值减最小值

①在试验范围内，各列对试验指标的影响从大到小的排序。某列的极差最大，表示该列的数值在试验范围内变化时，使试验指标数值的变化最大。所以各列对试验指标的影响从大到小的排序，就是各列极差 D 的数值从大到小的排序。

②试验指标随各因素的变化趋势。为了能更直观地看到变化趋势，常

将计算结果绘制成图。

③使试验指标最好的适宜的操作条件（适宜的因素水平搭配）。

④可对所得结论和进一步的研究方向进行讨论。

举例如下：

[例1—7] 乙酰胺苯磺化反应试验的目的与因素水平如下，应用正交试验设计方法指导试验表1—10，结果记录于表1—11，用极差法分析正交试验的结果，计算结果也记录于表1—11。试验目的：提高磺化反应的乙酰胺苯的收率，试验指标：乙酰胺苯的收率。

表1—10　试验因素与水平

因素		反应温度/℃	反应时间/h	硫酸浓度/%	操作方法
符号		A	B	C	D
水平	1	$A_1 = 50$	$B_1 = 1$	$C_1 = 17$	$D_1 = $ 搅拌
	2	$A_2 = 70$	$B_2 = 2$	$C_2 = 27$	$D_2 = $ 不搅拌

表1—11　试验结果记录及极差分析

列号		1	2	3	4	5	6	7	
因素		反应温度/℃	反应时间/h		硫酸浓度/%			操作方法	收率 y_i/%
符号		A	B	$A \times B$	C	$A \times C$	其他	D	
试验号（水平）	1	1(50)	1(1)	1	1(17)	1	1	1(搅拌)	$y_1 = 65$
	2	1	1	1	2(27)	2	2	2(不搅拌)	$y_2 = 74$
	3	1	2(2)	2	1	1	2	2	$y_3 = 71$
	4	1	2	2	2	2	1	1	$y_4 = 73$
	5	2(70)	1	2	1	2	1	2	$y_5 = 70$
	6	2	1	2	2	1	2	1	$y_6 = 73$
	7	2	2	1	1	2	2	1	$y_7 = 62$
	8	2	2	1	2	1	1	2	$y_8 = 67$

列号	1	2	3	4	5	6	7	
因素	反应温度/℃	反应时间/h		硫酸浓度/%			操作方法	收率 y_i/%
符号	A	B	$A \times B$	C	$A \times C$	其他	D	
I_j	283	282	268	268	276	275	273	
II_j	272	273	287	287	279	282	282	
k_j		4	4	4	4	4	4	
I_j/k_j	70.75	70.50	67.00	67.00	69.00	68.75	68.25	
II_j/k_j	68.00（下降）	68.25（下降）	71.75	71.75（增大）	69.75	70.50	70.50（增大）	
极差 D_j	2.75	2.25	4.75	4.75	0.75	1.75	2.25	

根据表1—11试验结果极差分析结果得到以下结论：

①各列对试验指标的影响大小

极差 $D_3 = D_4 = 4.75$ 最大，所以在本试验研究范围内，各因素和交互作用对试验指标的影响是交互指标 $A \times B$ 及因素 C 最大。

②试验指标随各因素的变化趋势

$I_1/k_1 = 70.75$，1 水平 $= 50℃$；$II_1/k_1 = 68.00$，2 水平 $= 70℃$

可见，反应温度（A）升高，收率下降。

同样可以得出结论：

反应时间（B）加长，收率下降；

硫酸浓度（C）增大，收率增大；

操作方法（D）由搅拌改为不搅拌，收率增大。

③适宜的操作条件

优先考虑对试验指标影响大的试验因素和交互作用，即按对试验指标影响大小的顺序，确定操作条件。

对于交互作用 $A \times B$，$I_3/k_3 = 67.00$，$II_3/k_3 = 71.75$，可见（$A \times B$）$_2$时，收率较大，所以让 A，B 的水平号码不同；

对于 C 因素，宜取 2 水平；

对于 A 因素，宜取 1 水平；

对于 B 因素，宜取 2 水平，因为按交互作用 $A \times B$ 判断，B 应与 A 水平号码不同；

对于 D 因素，宜取 2 水平；

故，本试验范围内适宜操作条件是，反应温度 $A = A_1 = 50\text{℃}$，反应时间 $B = B_2 = 2\text{h}$，硫酸浓度 $C = C_2 = 27\%$，操作方法 $D = D_2 = $ 不搅拌。

（2）方差分析方法

①计算公式和项目

试验指标的加和值 $= \sum_{i=1}^{n} y_i$，试验指标的平均值 $\bar{y} = \frac{1}{n} \sum_{i=1}^{n} y_i$，以第 j 列为例，与极差法计算内容相似，分别计算：第 j 列"1"水平所对应的试验指标数值之和，第 j 列"2"水平所对应的试验指标数值之和，第 j 列同一水平出现的次数（等于试验的次数除以第 j 列的水平数），第 j 列"1"水平所对应的试验指标平均值，第 j 列"2"水平所对应的试验指标平均值。除此以外，还要计算

偏差平方和

$$S_j = k_j \left(\frac{\text{I}_j}{k_j} - \bar{y} \right)^2 + k_j \left(\frac{\text{II}_j}{k_j} - \bar{y} \right)^2 k_j \left(\frac{\text{III}_j}{k_j} - \bar{y} \right)^2 + \cdots; \qquad (1—62)$$

f_j—自由度，$f_j = $ 第 j 列水平数—1；

V_j—方差，$V_j = S_j/f_j$；

V_e—误差列的方差，$V_e = S_e/f_e$，e 为正交表的误差列；

F_j—方差之比，$F_j = V_j/V_e$；

查 F 方差分布数值表，做显著性检验；

总的偏差平方和 $S_{总} = \sum_{i=1}^{n} \left(y_i - \bar{y} \right)^2$；

总的偏差平方和等于各列的偏差平方和之和，$S_{总} = \sum_{j=1}^{m} S_j$，式中 m 为正交表的列数。

若误差列由 5 个单列组成，则误差列的偏差平方和 S_e 等于 5 个单列的偏差平方和，即 $S_e = S_{e1} + S_{e2} + S_{e3} + S_{e4} + S_{e5}$；也可用 $S_e = S_{总} + S''$ 来计算，其中 S'' 为安排有因素或交互作用的各列的偏差平方和之和。

②可引出的结论

与极差法相比，方差分析方法可以多引出一个结论：各列对试验指标的影响是否显著，在什么水平上显著。在数理统计上，这是一个很重要的

问题。显著性检验强调试验在分析每列对指标影响中所起的作用。如果某列对指标的影响不显著，那么，讨论试验指标随它的变化趋势是毫无意义的。因为在某列对指标的影响下显著时，即使从表中的数据可以看出该列水平变化时，即对应的试验指标的数据以某种"规律"发生变化，但那很可能是由于试验误差所致，将它作为客观规律是不可靠的。有了各列的显著性检验之后，最后应将影响不显著的交互作用列与原来的"误差列"合并起来。组成新的"误差列"，重新检验各列的显著性。

第二篇 化工原理实验

实验一 离心泵性能曲线测定

一、实验目的与要求

1. 了解离心泵的构造和操作方法;
2. 学习离心泵特性曲线的测定方法;
3. 测定离心泵在指定转速下的特性曲线。

二、实验原理

离心泵的主要性能参数有流量 Q(也叫送液能力)、扬程 H(也叫压头)、轴功率 N 和效率 η。在一定的转速下,离心泵的扬程 H、轴功率 N 和效率 η 均随实际流量 Q 的大小而改变。通常用水经过实验测出:$Q-H$、$Q-N$ 及 $Q-\eta$ 之间的关系,并以三条曲线分别表示出来,这三条曲线就称之为离心泵的特性曲线。

离心泵的特性曲线是确定泵适宜的操作条件和选用离心泵的重要依据。但是,离心泵的特性曲线目前还不能用解析方法进行精确计算,仅能通过实验来测定;而且离心泵的性能全都与转速有关,在实际应用过程中,大多数离心泵又是在恒定转速下运行,所以要学习离心泵恒定转速下特性曲线的测定方法。

在一定的转速下,离心泵的杨程 H、轴功率 N 和效率 η 均随流量 Q 变化,通过实验测定 $H-Q$,$N-Q$,$\eta-Q$ 的变化关系,便可绘制出离心泵的特性曲线图。

进行离心泵性能测定时，泵的流量用涡轮流量计测定；泵的扬程根据真空表、压力表测出数据，用伯努利方程计算得出；泵的轴功率采用电机天平测功器测出；泵的功率则可根据流量、扬程、轴功率计算出。

泵的扬程用公式（2—1）计算：

$$H_e = H_{压力表} + H_{真空表} + H_0 + (u_{出}^2 - u_{入}^2)/2g \qquad (2—1)$$

式（2—1）中：

$H_{压力表}$—泵出口处压力；

$H_{真空表}$—泵入口处真空度；

H_0—压力表和真空表测压口之间的垂直距离。

泵的总效率为：

$$\eta = N_e/N \qquad (2—2)$$

其中，N 为离心泵的轴功率，N_e 为泵的有效功率：

$$N_e = \rho \cdot g \cdot Q \cdot H_e \qquad (2—3)$$

公式（2—3）中：

ρ—液体密度；

g—重力加速度常数；

Q—泵的流量。

$$N_a = K \cdot N_{电} \cdot \eta_{电} \cdot \eta_{转} \qquad (2—4)$$

公式（2—4）中：

K—用标准功率表校正功率表的校正系数，一般取 1；

$N_{电}$—电机的输入功率；

$\eta_{电}$—电机的效率；

$\eta_{转}$—传动装置的传动效率。

三、实验流程与设备参数

1. 离心泵性能测定实验流程如图 2—1 所示。

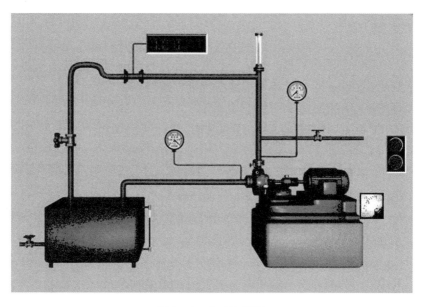

图 2—1　实验流程图

2. 设备参数：

泵的转速：2900r/min

额定扬程：20m

电机效率：93%

传动效率：100%

水温：25℃

泵进口管内径：41mm

泵出口管内径：35.78mm

两测压口之间的垂直距离：0.35m

涡轮流量计流量系数：75.78（1/L）

流量（L/S）＝涡轮流量计频率/涡轮流量计流量系数

四、实验操作

1. 灌泵

因为离心泵的安装高度在液面以上，所以在启动离心泵之前必须进行灌泵。

在压力表上单击鼠标左键,即可放大读数(右键点击复原)。当读数大于0时,说明泵壳内已经充满水,但由于泵壳上部还留有一小部分气体,所以需要放气。

调节排气阀开度大于0,即可放出气体,气体排尽后,会有液体涌出。此时关闭排气阀和灌泵阀,灌泵工作完成。

2. 开泵

灌泵完成后,打开泵的电源开关,启动离心泵。

注意:在启动离心泵时,主调节阀应关闭,如果主调节阀全开,会导致泵启动时功率过大,从而可能引发烧泵事故。

3. 建立流动

启动离心泵后,调节主调节阀的开度为100。

4. 读取数据

等涡轮流量计的示数稳定后,即可读数。鼠标左键点击压力表、真空表和功率表,即可将其放大,以读取数据,如图2—2所示。

注意:务必要等到流量稳定时再读数,否则会引起数据不准。

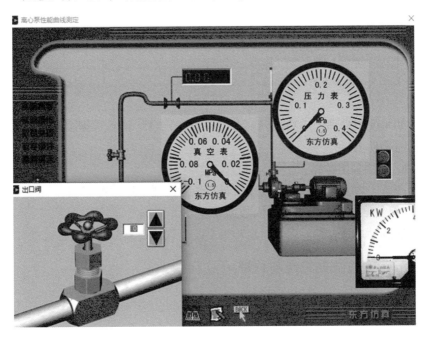

图2—2 读取数据

5. 记录数据

鼠标左键点击实验主画面左边菜单中的"数据处理"，可调出数据处理窗口，在原始数据页按项目分别将数据填入记录表，注意单位换算。

表 2—1　数据记录表

原始数据｜计算结果｜特性曲线

离心泵型号：	XYZ123-5	转速(转/分)：	2900
两测压截面间垂直距离(m)：	0.35	水温(℃)：	25
进口管直径(mm)：	41	出口管直径(mm)：	35.78
设备型号	6395	流量计流量系数(1/升)：	75.78

序号	频率f(1/秒)	P真(Pa)	P表(Pa)	N(或N电)(kw)
1				
2				
3				
4				
5				
6				
7				
8				
9				
10				

如果使用自动记录功能，则点击"自动记录"键，数据会被自动写入而不需手动填写。

6. 记录多组数据

调节主调节阀的开度以改变流量，然后重复上述第4—5步，从大到小测10组数据。记录完毕后进入数据处理。

注意：当没有完成灌泵时启动泵会发生气缚现象，造成数据波动。

五、实验数据记录与处理

1. 记录原始数据

将数据记录在数据表内。

2. 数据计算

如果使用"自动计算"功能，在相应的计算结果页点击"自动计算"即可，数据即可自动计算并自动填入。如果不采用"自动计算"功能，则在原始数据页找到计算所需的参数，进行计算。

3. 特性曲线绘制

计算完成后，在曲线页点击"开始绘制"即可根据数据自动绘制出曲线。

实验二　流体阻力实验

一、实验目的与要求

1. 学习直管摩擦系数 λ，管件阻力系数 ξ，管路阻力损失的测定方法；

2. 了解 $\lambda - Re$，$\xi - Re$ 的变化规律；

3. 学习 U 型压差计及涡轮计的使用方法；

4. 测定流体流过直管时的摩擦系数 λ，并绘制 λ 与雷诺数 Re 的变化关系曲线图；

5. 测定流体流过突然扩大管的阻力系数 ξ 并绘制 ξ 与雷诺数 Re 的变化关系曲线图。

二、实验原理

流体在管道内流动时，由于流体的黏性作用和涡流的影响会产生阻力。流体在直管内流动阻力的大小与管长、管径、流体流速和管道摩擦系数有关，它们之间存在如下关系：

$$h_f = \frac{\Delta p_f}{\rho} = \lambda \cdot \frac{l}{d} \cdot \frac{u^2}{2} \tag{2—5}$$

$$Re = \frac{dup}{\mu} \tag{2—6}$$

$$\lambda = \frac{2d}{\rho l} \cdot \frac{\Delta p_f}{u^2} \tag{2—7}$$

公式（2—5）到（2—7）中：

d—管内径，（m）；

$\triangle p_f$—直管阻力引起的压强降，（Pa）；

u—流速，（m/s）；

ρ—流体的密度，（kg/m^3）；

μ—流体的黏度，（Pa·s）。

直管摩擦系数 λ 与雷诺数 Re 之间有一定的关系，这个关系一般用曲线来表示。在实验装置中，直管段管长 l 和管径 d 都已固定。若水温一定，则水的密度 ρ 和黏度 μ 也是定值。所以本实验实质上是测定直管段流体阻力引起的压强降 $\triangle p_f$ 与流速 u（流量 q_V）之间的关系。

根据实验数据，前述公式可计算出不同流速下的直管摩擦系数 λ 和对应的 Re，从而整理出直管摩擦系数和雷诺数的关系，绘出 λ 与 Re 的关系曲线。

对于局部阻力，则有：

$$h_f = \xi \cdot \frac{u^2}{2} \qquad (2\text{—}8)$$

ξ 称为局部阻力系数，它与流体流过的管件的几何形状以及流体的 Re 有关，当 Re 大到一定程度以后，ξ 与 Re 数无关，成为定值。

或者可以近似地认为局部阻力的损失相当于某个长度的直管引起的损失：

$$h_f = \lambda \cdot \frac{l_e}{d} \cdot \frac{u^2}{2} \qquad (2\text{—}9)$$

公式（2—9）中：l_e 为管件的当量长度，由实验测得。

流体在经过 90°标准弯头管件时所产生的阻力损失为：

$$\xi = h''_f \frac{2g}{u^2} \qquad (2\text{—}10)$$

直管阻力损失和突然扩大管产生的阻力损失可直接根据压强降进行计算。

流体经过一定管长和突然扩大管所产生的压强降可由倒 U 型压差计测出：

$$h'_f = R \text{ 或 } h''_f = R' \qquad (2\text{—}11)$$

流体流速可根据水的流量 Q 和管路直径 d 算出来：

$$u = \frac{Q}{0.785d^2} \qquad\qquad (2—12)$$

三、实验流程与设备参数

1. 流体阻力实验流程如图 2—3 所示。

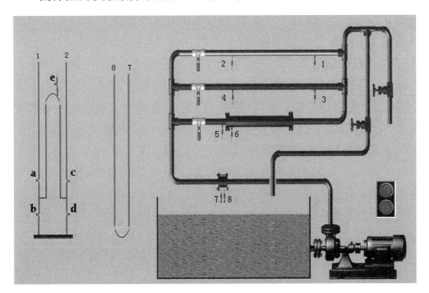

图 2—3　实验流程图

2. 设备参数：

光滑管：玻璃管，管内径 =20mm，管长 =1.5m，绝对粗糙度 =0.002mm

粗糙管：镀锌铁管，管内径 =20mm，管长 =1.5m，绝对粗糙度 =0.2mm

突然扩大管：细管内径 =20mm，粗管内径 =40mm

孔板流量计：开孔直径 =12mm，孔流系数 =0.62

四、实验操作

1. 开泵

因为离心泵的安装高度比水的液面低，因此不需要灌泵。直接点击电源开关的绿色按钮接通电源，就可以启动离心泵，开始实验。

2. 管道系统排气以及调节倒 U 型压差计

将管道中所有阀门都打开，使水在 3 个管路中流动一段时间，直到排尽管道中的空气，然后点击倒 U 型管，会出现一段调节倒 U 型管的动画。最后关闭各阀门，开始实验操作。

3. 测量光滑管数据

（1）光滑管建立流动

启动离心泵并调节完倒 U 型压差计后，依次调节阀1、阀2、阀3 的开度大于 0，即可建立流动。关闭粗糙管和突然扩大管的球阀，打开光滑管的球阀，使水只在光滑管中流动。

（2）读取数据

如图 2—4 所示，鼠标左键点击正或倒 U 型压差计，即可看到画面（红色液面只是作指示用，真实装置可能为其他颜色，如水银为银白色）。倒 U 型压差计的取压口与管道上的取压口相连，正 U 型压差计的取压口与孔板的取压口相连。上下拖动滚动条即可读数。实验中每一管路均有一倒 U 型管，连续点击图中的倒 U 型管即可在 3 个倒 U 型管中切换。倒 U 型管上方的数字标出了与该管相连的管路。

注意：读数为两液面高度差，单位 mm。

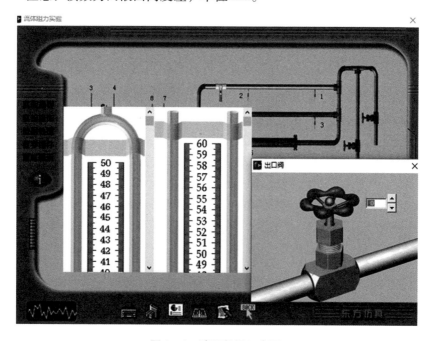

图 2—4　读取数据示意图

（3）记录数据

鼠标左键点击实验主画面左边菜单中的"数据处理"，可调出数据处理窗口，点击原始数据页，在正 U 型压差计和倒 U 型压差计两栏中分别填入从正 U 型压差计和倒 U 型压差计所读取的数据。

表 2—2 数据记录表

数据处理	— □ ×

突然扩大管结果	数据曲线	设备参数
原始数据	光滑管结果	粗糙管结果

姓名：_____ 班级：_____

学号：_____ 日期：2017/7/30 单位：mm

光滑管数据		粗糙管数据		突然扩大管数据	
正U型压差计	倒U型压差计	正U型压差计	倒U型压差计	正U型压差计	倒U型压差计

注意：如果使用"自动记录"功能，则点击"自动记录"键时，数据会被自动写入而不需手动填写。

（4）记录多组数据

调节阀门开度以改变流量，重复上述第（2）—（3）步，为了实验精度和回归曲线的需要至少应测量 10 组数据以上。

4. 测量粗糙管数据

（1）粗糙管建立流动

完成光滑管数据的测量和记录后，建立粗糙管的流动。

（2）测量并记录数据

测量粗糙管的数据与测量光滑管的数据操作步骤相同，重复测量光滑管数据步骤的第（2）—（4）步，为了实验精度和回归曲线的需要至少应测量 10 组数据以上。

5. 测量突然扩大管数据

（1）突然扩大管建立流动

完成粗糙管数据的测量和记录后，建立突然扩大管的流动。

（2）突然扩大管数据的测量记录

测量突然扩大管的数据与测量光滑管的数据操作步骤相同，重复测量光滑管数据步骤的第（2）—（4）步，为了实验精度和回归曲线的需要至少应测量 10 组数据以上。完成后进入数据处理。

注意事项：

（1）为了接近理想的光滑管，选用了玻璃管，实际上在普通实验室中很少采用玻璃管。

（2）为了更好地回归处理数据，尽量多的测量数据，并且尽量使数据分布在整个流量范围内。

（3）在层流范围内，用阀门按钮调节很难控制精度，在阀门开度栏内自己输入开度数值（阀门开度小于 5）。

（4）对于突然扩大管，做了简化，认为阻力系数是定值，不随 Re 变化。

五、实验数据记录与处理

1. 原始数据记录

注意：由于三组数据的格式相同，注意不要混淆。

2. 数据计算

填好数据后，如果不采用"自动计算"功能，则可以在数据处理的"设备参数"页得到计算所需的设备参数，自行计算。

如果要使用"自动计算"功能，在相应的计算结果页点击"自动计算"，数据即可自动计算并自动填入数据表。

3. 曲线绘制

计算完成后，在曲线页点击"开始绘制"即可根据数据自动绘制出曲线。

实验三　流体综合实验

一、实验目的与要求

1. 认识不同流动条件下，直管阻力损失规律和雷诺数、相对粗糙度之间的关系；测定实验管路内流体流动的直管阻力和直管摩擦系数 λ；测定实验管路内流体流动的直管摩擦系数 λ 与雷诺数 Re 和相对粗糙度 ε/d 之间的关系曲线；

2. 了解管道局部阻力损失和流速、管道断面之间的关系；在本实验压差测量范围内，测量阀门的局部阻力系数 ζ；

3. 测定流量调节阀某一开度下管路特性曲线；

4. 掌握离心泵特定转速下，扬程 H、轴功率 N、效率 η 和流量 Q 之间的关系，能够正确使用离心泵；

5. 了解常见的流量测量仪器的工作原理和操作方法，掌握文丘里及涡轮流量计的构造及工作原理；测定节流式流量计（文丘里）的流量标定曲线；测定节流式流量计的雷诺数 Re 和流量系数 C 的关系。

二、实验原理

1. 流体沿程阻力的测量

在被测直管段的两取压口之间列柏努利方程式，可得：

$$h_{\mathrm{f}} = \frac{\Delta p_{\mathrm{f}}}{\rho} = \lambda \, \frac{l}{d} \frac{u^2}{2} \tag{2—13}$$

$$\lambda = \frac{2d}{l\rho} \frac{\Delta p_{\mathrm{f}}}{u^2} \tag{2—14}$$

$$R_e = \frac{du\rho}{\mu} \tag{2—15}$$

其中，ρ 为流体密度，μ 为流体的动力黏度，λ 为阻力系数，Re 为雷诺数，d 为管径，l 为管长，u 为流速，Δp_{f} 为管道压强降。

测得一系列流量下的 Δp_{f} 之后，根据式（2—13），（2—14）计算出不同流速下的 λ 值。用式（2—15）计算出 Re 值，从而整理出 $\lambda - Re$ 之间的

关系，在双对数坐标纸上绘出 $\lambda - Re$ 曲线（见图2—3）。

2. 流体局部阻力系数 ζ 的测定

$$h'_f = \frac{\Delta p'_f}{\rho} = \zeta \frac{u^2}{2} \tag{2—16}$$

$$\zeta = \left(\frac{2}{\rho}\right) \cdot \frac{\Delta p'_f}{u^2} \tag{2—17}$$

其中，ζ 为局部阻力系数；$\Delta p'_f$ 为局部阻力引起的压强降；h'_f 为局部阻力引起的能量损失。

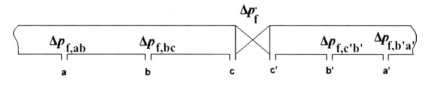

图2—5 局部阻力测量取压口布置图

局部阻力引起的压强降 $\Delta p'_f$ 可用下面的方法测量：在一条各处直径相等的直管段上安装待测局部阻力的阀门，在其上、下游开两对测压口 a–a′ 和 b–b′，见图2—5，使距离满足：

$$d_{a-b} = d_{b-c}, \quad d_{a'-b'} = d_{b'-c'}$$

则：$\Delta p_{f,a-b} = \Delta p_{f,b-c}$，$\Delta p_{f,a'-b'} = \Delta p_{f,b'-c'}$

在 a–a′ 之间列柏努利方程式：

$$p_a - p_{a'} = 2\Delta p_{f,a-b} + 2\Delta p_{f,a'-b'} + \Delta p'_f \tag{2—18}$$

在 b–b′ 之间列柏努利方程式：

$$p_b - p_{b'} = 2\Delta p_{f,b-c} + 2\Delta p_{f,b'-c'} + \Delta p_{f,a-b} + 2\Delta p_{f,a'-b'} + \Delta p'_f \tag{2—19}$$

联立式（2—18）、（2—19），则：

$$\Delta p'_f = 2(p_b - p_{b'}) - (p_a - p_{a'}) \tag{2—20}$$

为了实验方便，称 $(p_b - p_{b'})$ 为近点压差，称 $(p_a - p_{a'})$ 为远点压差。用差压传感器来测量。

3. 离心泵性能的测定

（1）流速的计算：用涡轮流量计算。

（2）扬程 H 的测定：

在泵的吸入口（断面1）和压出口（断面2）之间列伯努利方程

$$z_1 + \frac{p_1}{\rho g} + \frac{u_1^2}{2g} + H = z_2 + \frac{p_2}{\rho g} + \frac{u_2^2}{2g} + H_{f,1-2} \qquad (2—21)$$

$$H = (z_2 - z_1) + \frac{p_2 - p_1}{\rho g} + \frac{u_2^2 - u_1^2}{2g} + H_{f,1-2} \qquad (2—22)$$

式中 H_{fl-2} 是泵的吸入口和压出口之间管路内的流体流动阻力，与伯努利方程中其他项比较，H_{fl-2} 值很小，故可忽略。于是式（2—22）变为：

$$H = (z_2 - z_1) + \frac{p_2 - p_1}{\rho g} + \frac{u_2^2 - u_1^2}{2g} \qquad (2—23)$$

将测得的 $z_2 - z_1$ 和 $p_2 - p_1$ 的值以及计算所得的 u_1，u_2 代入式（2—23）即可求得 H 的值。

③轴功率 N 的测定：

功率表测得的功率为电动机的输入功率。由于泵由电动机直接带动，传动效率可视为1，所以电动机的输出功率等于泵的轴功率。即：

$$泵的轴功率 N = 电动机的输出功率 \qquad (2—24)$$

$$电动机的输出功率 = 电动机的输入功率 \times 电动机的效率 \qquad (2—25)$$

$$泵的轴功率 = 功率表的读数 \times 电动机效率 \qquad (2—26)$$

④离心泵效率 η 的测定

$$\eta = \frac{Ne}{N} = \frac{HQ\rho g}{N} \qquad (2—27)$$

式中：η 为泵的效率；N 为泵的轴功率；Ne 为泵的有效功率；Q 为泵的流量；ρ 为水的密度。

三、实验流程与设备参数

流体综合实验装置全部采用不锈钢材料制成，并安装玻璃观测管，在实验过程中可以清晰见到流体在管道中流动的过程。将离心泵特性测定、管道阻力测定和流量测定相结合，实现实验装置的小型化和集成化的目的。

1. 主体设备

主体设备如图2—6所示，包含储水槽、光滑管、粗糙管、局部阻力测定管、离心泵、转子流量计、涡轮流量计、倒 U 型管压差计等组成部分。可以根据实验内容选择具体的实验设备：

（1）流体阻力的测量：

水泵2将储水槽1中的水抽出，送入实验系统，经玻璃转子流量计

15，16 测量流量，然后送入被测直管段测量流体流动的阻力，经回流管流回储水槽。被测直管段流体流动阻力 Δp_f 可根据其数值大小分别采用压力传感器 36 或空气—水倒置 U 型管 37 来测量。

（2）流量计、离心泵性能的测定

水泵 2 将水槽 1 内的水输送到实验系统，用流量调节阀 12 调节流量，流体经涡轮流量计 10 计量，回到储水槽。同时测量文丘里流量计两端的压差、离心泵进出口压力、离心泵电机输入功率。

（3）管路特性的测量

流量调节阀 12 调节流量调节到某一位置，改变电机频率，测定涡轮流量计的频率，泵入口真空度，泵出口压强。

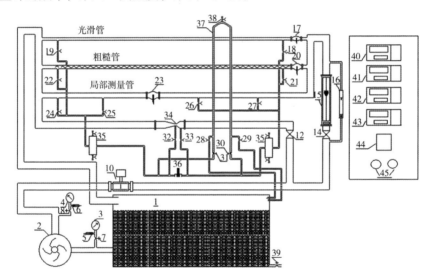

图 2—6　流体综合实验装置示意图

1—水箱；2—离心泵；3—真空表；4—压力表；5—真空传感器；6—压力传感器；7—真空表阀；8—压力表阀；10—大涡轮流量计；12—管路控制阀；14—流量调节阀；15—大流量计；16—小流量计；17—光滑管阀；18—光滑管测压进口阀；19—光滑管测压出口阀；20—粗糙管阀；21—粗糙管测压进口阀；22—粗糙管测压出口阀；23—测局部阻力阀；24—测局部阻力压力远端出口阀；25—测局部阻力压力近端出口阀；26—测局部阻力压力近端进口阀；27—测局部阻力压力远端进口阀；28，29—U 型管下端放水阀；30—U 型管测压进口阀；31—U 型管测压出口阀；32，33—文丘里测压出，进口阀；34—文丘里；35—压力缓冲罐；36—压力传感器；37—倒 U 型管；38—U 型管上端放空阀；39—水箱放水阀；40，41，42，43—数显表；44—变频器；45—总电源

2. 实验设备参数和性能指标

（1）流体阻力相关测量设备

①被测直管段

②光滑管管径 $d-0.0080$（m），管长 $l-1.70$（m）　　材料：不锈钢

③粗糙管管径 $d-0.010$（m），管长 $l-1.70$（m）　　材料：不锈钢

④玻璃转子流量计

型号	测量范围	精度
LZB-25	100—1000（L/h）	1.5
LZB-10	10—100（L/h）	2.5

⑤压差传感器：

　　　　型号：LXWY　　测量范围：200kPa

⑥数显表：

　　　　型号：501　　测量范围：0—200kPa

⑦离心泵

型号：WB70/055	流量：20-200（1/h）	扬程：19—13.5（m）
电机功率：550（W）	电流：1.35（A）	电压：380（V）

（2）流量计测量设备

涡轮流量计：（单位：m^3/h）

文丘里流量计：文丘里喉径：0.020m，实验管路管径：0.045m。

（3）离心泵特性曲线测定设备

①离心泵：流量 $q_V=4m^3/h$，扬程 $H=8m$，轴功率 $N=168W$。

②真空表测压位置管内径：$d_1=0.025m$。

③压强表测压位置管内径：$d_2=0.045m$。

④真空表与压强表测压口之间的垂直距离：$h_0=0.39m$。

⑤电机效率：60%。

⑥流量测量：涡轮流量计。

⑦功率测量：功率表型号 PS-139，精度 1.0 级。

⑧泵吸入口真空度的测量

真空表：表盘直径 -100mm，测量范围 -0.1 - 0MPa，精度 1.5 级。

⑨泵出口压力的测量

压力表：表盘直径 100mm，测量范围 0 - 0.25MPa，精度 1.5 级。

（4）变频器：型号：N2 - 401 - H，规格：（0 - 50）Hz。

（5）数显温度计：501BX。

四、实验操作

1. 流体阻力的测量

（1）向储水槽内注蒸馏水，直到水满为止。

（2）首先将阀门 7，8，12，14，23，24，25，26，27，28，29，32，33，38 关闭，阀门 17，18，19，20，21，22，30，31 全开，打开总电源开关，用变频调速器启动离心泵。将阀门 14 缓慢打开大流量状态下把实验管路中的气泡赶出。

将流量调为 0，关闭 30、31 阀门打开 38 阀门后，分别缓慢打开 28、29 阀门，将 U 型管内两液面降到管中心位置，再关闭阀门 28、29，打开 30、31 阀门，若空气—水倒置 U 型管内两液柱的高度差不为 0，则说明系统内有气泡存在，需赶净气泡方可测取数据。

注：赶气泡的方法：将流量调至较大，重复步骤 2 排出导压管内的气泡，直至排净为止。

（3）待管路中气泡排净后开始实验，被测管路阀门全部打开，将不测管路的阀门关闭。

（4）在流量稳定的情况下，测得直管阻力压差。数据顺序可从大流量至小流量，反之也可。一般测 15—20 组数，建议当流量读数小于 200L/h 时，只用空气—水倒置 U 型管测压差。

（5）待数据测量完毕，关闭流量调节阀，切断电源。

（6）粗糙管、局部阻力测量方法同前。

2. 流量计性能的测定

（1）首先将全部阀门关闭。打开总电源开关，用变频调速器启动离心泵。

（2）缓慢打开调节阀 12 至全开。待系统内流体稳定，即系统内已没有气体，打开文丘里流量计导压管开关及阀门 32、33，在涡轮流量计流量稳定的情况下，测得文丘里流量计两端压差。

（3）测取数据的顺序可从最大流量至 0，或反之。一般测 15—20 组数据。

（4）每次测量应记录：涡轮流量计流量、文丘里流量计两端压差及流体温度。

3. 离心泵性能的测定

（1）首先将全部阀门关闭。打开总电源开关，用变频调速器启动离心泵。

（2）缓慢打开调节阀 12 至全开。待系统内流体稳定，即系统内已没有气体，打开压力表和真空表的开关，方可测取数据。

（3）测取数据的顺序可从最大流量至 0，或反之。一般测 15—20 组数据。

（4）每次测量同时记录：涡轮流量计流量、压力表、真空表、功率表的读数及流体温度。

4. 管路特性的测量

（1）首先将全部阀门关闭。打开总电源开关，用变频调速器启动离心泵。将流量调节阀 12 调至某一状态（使系统的流量为一固定值）。

（2）调节离心泵电机频率以得到管路特性改变状态。调节范围（50 - 0Hz）。

注：利用变频器上（∧）、（∨）和（RESET）键调节频率，调节完后点击（READ/ENTER）键确认即可。

（3）每改变电机频率一次，记录一下数据：大涡轮流量计的流量，泵入口真空度，泵出口压强。

（4）实验结束，关闭调节阀，停泵，切断电源。

五、注意事项

1. 离心泵切勿反转。

2. 离心泵启动前，出口阀门需关闭，启动后缓缓打开出口阀，切忌出口阀极短时间内开至最大，以防流量迅速增大导致出口管道中转子流量计转子快速弹起击毁上方玻璃罩。

3. 离心泵启动后，出口阀及时打开，以防出口管路长时间承受过大压强，出现损坏。

4. 测量管路阻力损失时，一定要将管道中气泡全部排出。

5. 测量管路或离心泵曲线时，应在满量程内均匀分布数据点。

六、实验数据记录与处理

计算举例：

1. 流体沿程阻力的测量

流量 $Q = 1000$ （l/h），直管压差 $\Delta p_f = 75.6$ （kPa），液体温度 13.0℃，液体密度 $\rho = 998.99$ （kg/m³），液体黏度 $\mu = 1.24$ （mPa·s）

$$u = \frac{Q}{\frac{\pi d^2}{4}} = \frac{1000}{\frac{\pi \times 0.008^2}{4}} \times \frac{0.001}{3600} = 5.53 \ （m/s）$$

$$Re = \frac{du\rho}{\mu} = \frac{0.008 \times 5.53 \times 998.99}{1.24 \times 10^{-3}} = 43321$$

$$\lambda = \frac{2d}{l\rho} \cdot \frac{\Delta p_f}{u^2} = \frac{2 \times 0.008}{1.7 \times 998.99} \frac{106.1 \times 10^3}{5.53^2} = 0.02316$$

2. 离心泵性能的测定

涡轮流量计流量读数 $Q = 9.50$ （m³/h）

泵入口压力 $p_1 = 0.018$ （MPa），出口压力 $p_2 = 0.075$ （MPa），电机功率 $= 0.79$ （kW），$Q = 9.50$ （m³/h）。

$$u_1 = \frac{Q}{\frac{\pi d_1^2}{4}} = \frac{9.50}{\frac{\pi \times 0.025^2}{4}} \times \frac{1}{3600} = 5.37 \ （m/s）$$

$$u_2 = \frac{Q}{\frac{\pi d_2^2}{4}} = \frac{9.50}{\frac{\pi \times 0.045^2}{4}} \times \frac{1}{3600} = 1.66 \ （m/s）$$

$$H = (z_2 - z_1) + \frac{p_2 - p_1}{\rho g} + \frac{u_2^2 - u_1^2}{2g} = 0.39 + \frac{(0.075 + 0.018) \times 10^6}{1000 \times 9.81}$$

$$+ \frac{1.66^2 - 5.37^2}{2 \times 9.81} = 9.9(m)$$

$N = $ 功率表读数 × 电机效率 $= 0.790 \times 60\% = 0.474$ （kW）

$$Ne = \frac{HQ\rho g}{1000} = \frac{9.9 \times (9.50/3600) \times 1000 \times 9.8}{1000} = 0.265 \ （kW）$$

$$\eta = \frac{Ne}{N} = \frac{0.265}{0.4740} = 54.03\%$$

（3）数据表见表2—5。

（4）离心泵性能测定曲线见图2—8。

3. 流量计的测定

涡轮流量计：9.50（m³/h）　　流量计压差：39.4kPa

$$Q = 9.50 \ (\text{m}^3/\text{h})$$

$$u = \frac{9.50}{3600 \times \frac{\pi}{4} \times 0.045^2} = 1.818 \ (\text{m/s})$$

$$\because Q = C_0 A_0 \sqrt{\frac{2\Delta p}{\rho}}$$

$$\therefore C_0 = \frac{Q}{A_0 \sqrt{\frac{2\Delta p}{\rho}}} = \frac{9.5}{3600 \times \frac{\pi}{4} \sqrt{\frac{39.4 \times 1000}{1000}}} = 0.947$$

$$Re = \frac{du\rho}{\mu} = \frac{0.045 \times 1.768 \times 998.99}{1.24 \times 10^{-3}} = 70999$$

流量标定数据见表2—6。同时用上式整理数据可进一步得到 $C_0 - Re$ 关系曲线见图2—9。

4. 管路特性测定的计算过程与3相同

附：实验数据表和图

表2—3　流体阻力实验数据记录（光滑管内径8mm，管长1.71m）

（液体温度13.0℃，液体密度 $\rho = 998.99\text{kg/m}^3$，液体黏度 $\mu = 1.24\text{mPa·s}$）						
序号	流量（L/h）	直管压差 Δp		Δp	流速 u	Re	λ
		（kPa）	（mmH₂O）	（Pa）	（m/s）		
1	1000	75.6		75600	5.53	43321	0.02316
2	900	59.1		59100	4.98	38989	0.02235
3	800	49.0		49000	4.42	34657	0.02346
4	700	37.3		37300	3.87	30325	0.02332
5	600	27.5		27500	3.32	25993	0.02340
6	500	19.1		19100	2.76	21661	0.02341

续表

序号	流量（L/h）	直管压差 Δp		Δp	流速 u	Re	λ
		（kPa）	（mmH₂O）	（Pa）	（m/s）		
7	400	12.8		12800	2.21	17328	0.02451
8	300	7.6		7600	1.66	12996	0.02587
10	260	5.8		5800	1.44	11263	0.02629
13	220	4.2		4200	1.22	9531	0.02659
14	180	2.6		2600	1.00	7798	0.02459
15	140		224	2195	0.77	6065	0.03432
16	100		134	1313	0.55	4332	0.04023
17	90		113	1107	0.50	3899	0.04189
18	80		88	862	0.44	3466	0.04129
19	70		58	568	0.39	3032	0.03554
20	60		40	392	0.33	2599	0.03336
21	50		34	333	0.28	2166	0.04084
22	40		24	235	0.22	1733	0.04504
23	30		16	157	0.17	1300	0.05338
24	20		12	118	0.11	866	0.09008
25	10		6	59	0.06	433	0.18016

表2—4　流体阻力实验数据记录（粗糙管内径10mm，管长1.71m）

（液体温度13.0℃，液体密度 ρ =998.99kg/m³，液体黏度 μ =1.24mPa·s）							
序号	流量（L/h）	直管压差 Δp		Δp	流速 u	Re	λ
		（kPa）	（mmH₂O）	（Pa）	（m/s）		
3	800	149.9		149900	2.83	22806	0.219
4	700	116.9		116900	2.48	19956	0.223
5	600	86.6		86600	2.12	17105	0.225
6	500	58.8		58800	1.77	14254	0.220

序号	流量（L/h）	直管压差 Δp		Δp	流速 u	Re	λ
		（kPa）	（mmH₂O）	（Pa）	（m/s）		
7	400	40.3		40300	1.42	11403	0.236
8	300	24.1		24100	1.06	8552	0.250
10	260	19.1		19100	0.92	7412	0.264
13	220	13.9		13900	0.78	6272	0.269
14	180	9.6		9600	0.64	5131	0.277
15	140	6.1		6100	0.50	3991	0.291
16	100	3.6		3600	0.35	2851	0.337
17	90	2.9		2900	0.32	2566	0.335
18	80		278	2724	0.28	2281	0.398
19	70		225	2205	0.25	1996	0.421
20	60		173	1695	0.21	1710	0.440
21	50		124	1215	0.18	1425	0.454
22	40		85	833	0.14	1140	0.487
23	30		50	490	0.11	855	0.509
24	20		24	235	0.07	570	0.550
25	10		8	78	0.04	285	0.733

表2—5　离心泵性能测定实验数据记录

	（液体温度13.0℃，液体密度 ρ = 998.99kg/m³，泵进出口高度 = 0.39m）						
序号	入口压力 p₁	出口压力 p₂	电机功率	流量 Q	压头 H	泵轴功率 N	效率 η
	（MPa）	（MPa）	（kW）	（m³/h）	（m）	（W）	（%）
1	0.022	0.055	0.79	10.25	8.2	474	48.548
2	0.018	0.075	0.79	9.50	9.9	474	53.904
3	0.014	0.094	0.78	8.36	11.4	468	55.486
4	0.01	0.115	0.76	7.58	13.1	456	59.483

续表

序号	入口压力 p_1 （MPa）	出口压力 p_2 （MPa）	电机功率 （kW）	流量 Q （m³/h）	压头 H （m）	泵轴功率 N （W）	效率 n （%）
5	0.006	0.13	0.73	6.68	14.3	438	59.235
6	0.003	0.148	0.7	5.74	15.8	420	58.775
7	0	0.159	0.66	4.90	16.6	396	55.964
8	0	0.17	0.61	3.95	17.7	366	52.110
9	0	0.18	0.57	3.22	18.8	342	48.076
10	0	0.188	0.52	2.44	19.6	312	41.671
11	0	0.195	0.47	1.65	20.3	282	32.314
12		0.2	0.43	0.82	20.8	258	17.995
13		0.21	0.4	0.00	21.8	240	0.000

表 2—6　流量计性能测定实验数据记录

序号	文丘里流量计 （kPa）	文丘里流量计 （Pa）	流量 Q （m³/h）	流速 u （m/s）	Re	C_0
1	47.2	47200	10.25	1.962	76604	0.933
2	39.4	39400	9.50	1.818	70999	0.947
3	32.5	32500	8.36	1.600	62479	0.917
4	25.5	25500	7.58	1.451	56650	0.939
5	19.5	19500	6.68	1.278	49923	0.946
6	15.8	15800	5.74	1.099	42898	0.903
7	11.2	11200	4.90	0.938	36620	0.916
8	6.9	6900	3.95	0.756	29521	0.941
9	4.6	4600	3.22	0.616	24065	0.939
10	2.7	2700	2.44	0.467	18235	0.929

表2—7 离心泵管路特性曲线

序号	电机频率 (Hz)	入口压力 p_1 (MPa)	出口压力 p_2 (MPa)	流量 Q (m³/h)	压头 H (m)
1	50	0.022	0.059	10.10	8.52
2	48	0.019	0.055	9.74	7.80
3	46	0.017	0.051	9.38	7.19
4	44	0.015	0.048	9.00	6.68
5	42	0.013	0.043	8.60	5.96
6	40	0.012	0.04	8.21	5.56
7	38	0.01	0.038	7.82	5.15
8	36	0.009	0.035	7.44	4.74
9	34	0.007	0.032	7.03	4.23
10	32	0.006	0.028	6.62	3.72
11	30	0.004	0.026	6.24	3.31
12	28	0.003	0.022	5.80	2.80
13	26	0	0.02	5.38	2.29
14	24	0	0.017	4.98	1.98
15	22	0	0.015	4.55	1.78
16	20	0	0.014	4.14	1.68
17	18	0	0.012	3.70	1.47
18	16	0	0	3.28	0.25
19	10	0	0	1.96	0.25
20	6	0	0	0.69	0.25
21	0	0	0	0.00	0.25

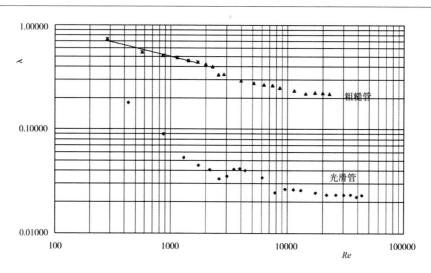

图2—7 沿程阻力系数 λ 随 Re 变化曲线

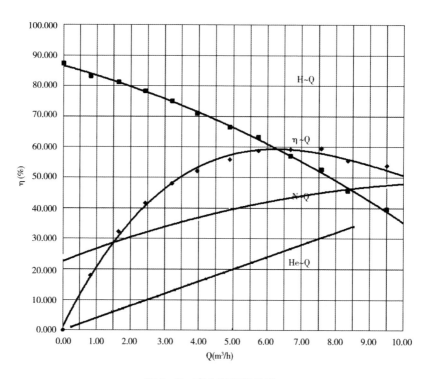

图2—8 离心泵特性曲线

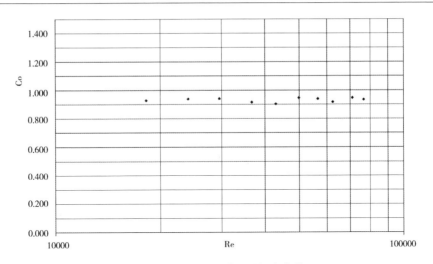

图 2—9 涡轮流量计流量标定曲线

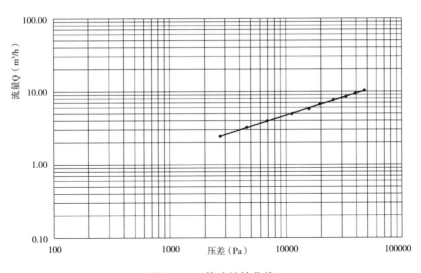

图 2—10 管路特性曲线

实验四　传热实验（计算机模拟）

一、实验目的与要求

1. 学习总传热系数 K 以及水对流传热系数 α 的测定方法；
2. 学习用电位差计测量温度的方法；
3. 测定总传热系数 K；
4. 得出水对流传热系数的准数关联式。

二、实验原理

对流传热的核心问题是求算对流传热系数 α，当流体无相变时对流传热准数关联式的一般形式为：

$$Nu = K \cdot Re^m \cdot Pr^n \cdot Gr^i \qquad (2—28)$$

对于强制湍流而言，Gr 准数可以忽略，故

$$Nu = K \cdot Re^m \cdot Pr^n \qquad (2—29)$$

本实验中，可用图解法和最小二乘法计算上述准数关联式中的指数 m、n 和系数 K。

用图解法对多变量方程进行关联时，要对不同变量 Re 和 Pr 分别回归。本实验简化上式，即取 $n = 0.4$（流体被加热）。上式即变为单变量方程，再两边取对数，即得到直线方程：

$$\lg \frac{Nu}{Pr^{0.4}} = \lg K + m \lg Re \qquad (2—30)$$

在双对数坐标中作图，找出直线斜率，即为方程的指数 m。在直线上任取一点的函数值代入方程中，则可得到系数 K。

用图解法，根据实验点确定直线位置有一定的人为性。而用最小二乘法回归，可以得到最佳关联结果。用计算机对多变量方程进行一次回归，就能同时得到 K、m。

对于方程的关联，首先要有 Nu、Re、Pr 的数据组。其准数定义式分别为：

$$Nu = \frac{\alpha \cdot l}{\lambda} \qquad\qquad (2\text{—}31)$$

$$Re = \frac{l \cdot u \cdot \rho}{\mu} \qquad\qquad (2\text{—}32)$$

$$Pr = \frac{c_p \cdot \mu}{\lambda} \qquad\qquad (2\text{—}33)$$

$$Gr = \frac{\beta \cdot g \cdot \Delta t \cdot l^3 \cdot \rho^2}{\mu^2} \qquad\qquad (2\text{—}34)$$

实验中改变冷却水的流量以改变 Re 准数的值。根据定性温度（冷却水进、出口温度的算术平均值）计算对应的 Pr 准数值。同时，由牛顿冷却定律，求出不同流速下的对流传热系数 α 值。进而算得 Nu 值。

牛顿冷却定律：

$$Q = \alpha \cdot A \cdot \Delta t_m \qquad\qquad (2\text{—}35)$$

公式（2—31）到（2—35）中：

α—对流传热系数 [W/（m²·℃）]；

Q—传热量（W）；

A—总传热面积（m²）；

$\triangle t_m$—管壁温度与管内流体温度的对数平均温差（℃）。

传热量 Q 可由下式求得：

$$Q = q_m \cdot c_p \cdot \Delta t \qquad\qquad (2\text{—}36)$$

公式（2—36）式中：

q_m—质量流量（kg/h）；

c_p—流体定压比热容 [J/（kg·℃）]；

Δt—流体进、出口温度之差（℃）；

ρ—定性温度下流体密度（kg/m³）；

q_v—流体体积流量（m³/s）。

1. 传热系数 K 的测定方法

根据传热率方程可得到：

$$K = Q/（A\Delta t） \qquad\qquad (2\text{—}37)$$

公式（2—37）中：

Q—传热速率 [W]，可根据水的流量、比热容以及进出口温度进行计算；

A—换热管的外表面积 $[m^2]$，可根据换热管的外径进行计算；

Δt—对数平均温度差 $[℃]$，可根据空气的进出口温度进行计算。

2. 水对流传热系数 α_i 的测定方法

（1）水在圆形直管中作强制湍流，温度在 50—70℃时，$Pr \approx 0.7$，对流传热系数 α_i 的准数关联式为：

$$Nu = K \times Re^m \qquad (2—38)$$

$$又 \ Nu = \alpha_i \times d / \lambda \qquad (2—39)$$

$$整理后得：\alpha_i = K \times Re_i^m \times \lambda / d \qquad (2—40)$$

只要求出上式中的常数 K 和 m，就可得出 α_i 的准数关联式。

（2）常数 K 和 m 的测定方法

将公式（2—38）两边取对数，得：$\lg Nu = \lg K + m \lg Re$，根据实验测出的数据，在双对数坐标纸上以 Re 为横坐标，Nu 为纵坐标作图，可得出一条直线，求出该直线的斜率和截距，就可求得常数 m 和 K。

三、实验流程与设备参数

1. 实验流程

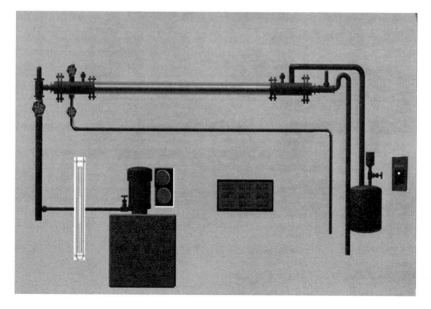

图 2—11 实验流程图

如图2—11所示，冷水经由泵、U型压差计进入换热器内管，并与套管环隙中蒸汽换热。冷水流量可用流量控制阀调节。蒸汽发生器产生蒸汽，上升进入套管环隙，与内管中冷水换热。放气阀门用于排放不凝性气体。在铜管之前设有一定长度的稳定段，是为消除端效应。铜管两端用塑料管与管路相连，是为消除热应力。

本装置冷水走内管，蒸汽走环隙（玻璃管）。

2. 设备参数

水进、出口温度和管壁温度分别由铂电阻（Pt100）测得。测量水进、出口温度的铂电阻应置于进、出口的中心，测量管壁温度的铂电阻用导热绝缘胶固定在内管外壁两端。

孔板流量计的压差由U型压差计测得。孔板流量计的流量计算关联式：

$$q_V = 4.49 \cdot R^{0.5} \tag{2—41}$$

式中：

R—孔板压差，（mmH_2O）；

q_V—水流量，（m^3/h）；

换热套管：套管外管为玻璃管，内管为黄铜管。套管有效长度：1.25m，内管内径：0.022m；

蒸汽发生器由不锈钢制成，安有玻璃液位计。热功率为1.5kW。

四、实验操作

1. 启动水泵

点击电源开关的绿色按钮，启动水泵，水泵为换热器的管程提供水源。

2. 打开进水阀

开泵后，调节进水阀至微开，这时换热器的管程中有水流动。

3. 打开蒸汽发生器

蒸汽发生器的开关在蒸汽发生器的右侧。鼠标左键单击开关，蒸汽发生器通电开始加热，并向换热器的壳程供气。

4. 打开放气阀

打开放气阀，排出残余的不凝气体，使在换热器壳程中的蒸汽流动通畅。

5. 读取水的流量

点击孔板流量计的压差计出现读数画面，读取压差计读数。经过计算可得冷水的流量。

6. 读取温度

在换热管或者测温仪上点击会出现温度读数画面。

读取各处温度数值。其中温度节点 1—9 的温度为观察温度分布用，在数据处理中用不到。蒸汽进出口及水进出口的温度需要记录。按"自动记录"可由计算机自动记录实验数据。

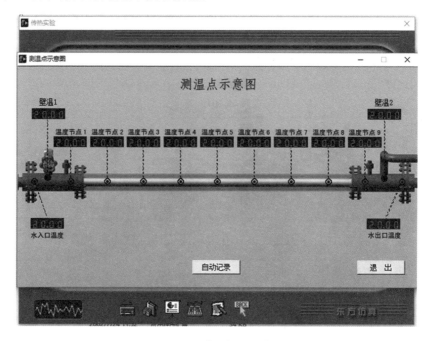

图 2—12　读取数据示意图

7. 记录多组数据

改变进水阀开度，重复以上步骤，读取 8—10 组数据。

实验结束后，先停蒸汽发生器，再关进水阀。

表2—8 数据记录表

水入口温度	水出口温度	壁温1	壁温2	压差计读数(mm)

注意：

关于排放不凝气：如果不打开放气阀，理论上套管内的压力应该不断增大，最后爆炸。实际上由于套管的密封程度不是很好，会漏气，所以压力不会升高很多，基本可以忽略。另外不凝气的影响在实际的实验中并不是很大，在仿真实验中为了说明做了夸大。

五、实验数据记录与处理

1. 原始数据记录

在"数据处理"中"原始数据"页输入、编辑原始数据。

2. 数据计算

如果要使用"自动计算"功能，在相应的计算结果页点击"自动计算"即可自动计算并自动填入数据库。使用手动计算，需要的设备参数，可参见设备参数页。

3. 关联式

自动计算完后，可在"关联式"点击"自动关联"按钮自动给出准数关联式。

实验五　传热实验（实物操作）

一、实验目的与要求

1. 通过对空气—水蒸气简单套管换热器的实验研究，学习总传热系数 K 以及空气对流传热系数 α 的测定方法；应用线性回归分析方法，确定关联式 $Nu = ARe^{m}Pr^{0.4}$ 中常数 A、m 的值，得出空气对流传热系数的准数关联式；

2. 通过对管程内部插有螺旋线圈的空气—水蒸气强化套管换热器的实验研究，测定其准数关联式 $Nu = BRe^{m}$ 中常数 B、m 的值，得出空气对流传热系数的准数关联式；

3. 计算强化比 Nu/Nu_0，了解强化传热的基本理论和基本方式；

4. 求取简单套管换热器、强化套管换热器的总传热系数 K；

5. 学习用电位差计测量温度的方法。

二、实验原理

传热系数 K 的测定及水对流传热系数 α_i 的测定原理参见实验四。

强化传热又被学术界称为第二代传热技术，它能减小初设计的传热面积，以减小换热器的体积和重量；提高现有换热器的换热能力；使换热器能在较低温差下工作；并且能够减少换热器的阻力以减少换热器的动力消耗，更有效地利用能源和资金。强化传热的方法有多种，本实验装置是采用在换热器内管插入螺旋线圈的方法。

螺旋线圈的结构如图 2—13 所示，螺旋线圈由直径 3mm 以下的铜丝和钢丝按一定节距绕成。将金属螺旋线圈插入并固定在管内，即可构成一种强化传热管。在近壁区域，流体一面由于螺旋线圈的作用而发生旋转，一面还周期性地受到线圈的螺旋金属丝的扰动，因而可以使传热强化。由于绕制线圈的金属丝直径很细，流体旋流强度也较弱，所以阻力较小，有利于节省能源。螺旋

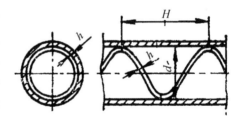

图2—13 螺旋线圈内部结构

线圈是以线圈节距 H 与管内径 d 的比值为技术参数，且长径比是影响传热效果和阻力系数的重要因素。科学家通过实验研究总结了形式为 $Nu = BRe^m$ 的经验公式，其中 B 和 m 的值因螺旋丝尺寸不同而不同。

采用实验中的实验方法确定不同流量下的 Re_i 与 Nu_i，用线性回归方法可确定 B 和 m 值。

单纯研究强化手段的强化效果（不考虑阻力的影响），可以用强化比的概念作为评判准则，它的形式是：Nu/Nu_0，其中 Nu 是强化管的努塞尔准数，Nu_0 是普通管的努塞尔准数，显然，强化比 $Nu/Nu_0 > 1$，而且它的值越大，强化效果越好。

三、实验流程与设备参数

1. 实验流程

本实验装置是以空气和水蒸气为介质进行对流换热的和强化内管的套管换热器，实验流程如图2—14 所示：

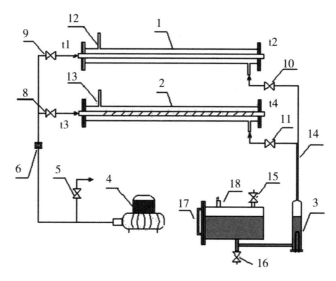

图 2—14　传热综合实验装置流程示意图

1. 普通套管换热器；2. 内插有螺旋线圈的强化套管换热器；3. 蒸汽发生器；4. 旋涡气泵；5. 旁路调节阀；6. 孔板流量计；8、9. 空气支路控制阀；10、11. 蒸汽支路控制阀；12、13. 蒸汽放空口；14. 蒸汽上升主管路；15. 加水口；16. 放水口；17. 液位计；18. 冷凝液回流口

2. 设备参数

（1）传热管参数

表 2—9　实验装置结构参数

实验内管内径 d_i（mm）		20.00
实验内管外径 d_o（mm）		22.00
实验外管内径 D_i（mm）		50.00
实验外管外径 D_o（mm）		57.00
测量段（紫铜内管）长度 l（m）		1.20
强化内管内插物 （螺旋线圈）尺寸	丝径 h（mm）	1.00
	节距 H（mm）	40/00
加热釜	操作电压	≤200 伏
	操作电流	≤10 安

（2）空气流量计

由孔板与压力传感器及数字显示仪表组成空气流量计。空气流量由公式（2—42）计算。

$$q_{Vt1} = C_0 \times A_0 \times \sqrt{\frac{2 \times \Delta p}{\rho_{t1}}} \qquad (2—42)$$

其中，C_0—孔板流量计孔流系数，$C_0 = 0.65$

A_0—孔的面积，（m^2）；

d_0—孔板孔径，$d_0 = 0.014m$；

Δp—孔板两端压差，（kPa）；

ρ_{t1}—空气入口温度（即流量计处温度）下密度，（kg/m^3）。

要想得到实验条件下的空气流量 q_V（m^3/h）则需按下式计算：

$$q_V = q_{Vt_0} \times \frac{273 + \bar{t}}{273 + t_1} \qquad (2—43)$$

其中，q_V—实验条件（管内平均温度）下的空气流量，（m^3/h）；

$\bar{t}$—换热器管内平均温度，（℃）；

t_1—传热内管空气进口（即流量计处）温度，（℃）。

（3）温度测量

空气入传热管测量段前的温度 t_1 由 Pt100 铂电阻温度计测量，可由数字显示仪表直接读出；空气出传热管测量段时的温度 t_2（℃）由 Pt100 铂电阻温度计测量，可由数字显示仪表直接读出；管外壁面平均温度 t_w（℃）由数字温度计测出（热电偶是由铜—康铜组成）。

（4）蒸汽发生器

是产生水蒸气的装置，使用体积为 7L，内装有一支 2.5kW 的电热器。当水温为 30℃时，用 160V 电压加热，约 15min 后水便沸腾。为了安全和长久使用，建议最高加热（使用）电压不超过 200V（由加热电压表调节）。旁边配有方型水箱，为连续向蒸汽发生器给水用。每次实验前先检查水箱中液位，水箱中水不可低于水箱高的 1/2，避免使加热器干烧。

（5）气源（鼓风机）

又称旋涡气泵，XGB—2 型，由无锡市仪表二厂生产，电机功率约 0.75kW（使用三相电源）。在本实验装置上，产生的最大和最小空气流量基本满足要求。使用过程中，输出空气的温度呈上升趋势。

（6）稳定时间

是指在外管内充满饱和蒸汽，并在不凝气排出口有适量的气排出，空气流量调节好后，过 3—5min，空气出口的温度 t_2（℃）可基本稳定。

四、实验操作

1. 实验前的准备、检查工作

（1）向水箱中加水至液位计上端。

（2）检查空气流量旁路调节阀是否全开。

（3）检查蒸汽管支路各控制阀是否已打开。保证蒸汽和空气管线的畅通。

（4）接通电源总闸，设定加热电压，启动电加热器开关，开始加热。

2. 实验开始

Ⅰ. 人工实验操作

（1）合上电源总开关。

（2）打开加热电源开关，设定加热电压（不得大于 200V），直至有水蒸气冒出，在整个实验过程中始终保持换热器出口处有水蒸气（加热电压的设定：按一下仪表的⊙键，在仪表的 SV 显示窗中右下方出现一闪烁的小点，每按一次⊙键，小点便向左移动一位，小点在哪一位上就可以利用▲、▽键调节相应位的数值，调好后在不按动仪表上任何按键的情况下 30s 后仪表自动确认，并按所设定的数值应用）。

（3）利用变频器启动风机（按变频器上的 STOP 键）并用旁路调节阀来调节空气的流量，在一定的流量下稳定 3—5min 后，分别测量空气的流量、空气进、出口的温度，由温度巡检仪测量（1—光滑管空气入口温度；2—光滑管空气出口温度；3—粗糙管空气入口温度；4—粗糙管空气出口温度），换热器内管壁面的温度由温度巡检仪（上—光滑管壁面温度；下—粗糙管壁面温度）测得。然后，在改变流量稳定后分别测量空气的流量，空气进、出口的温度、壁面温度后继续实验。

（4）实验结束后，依次关闭加热电源、风机和总电源。一切复原。

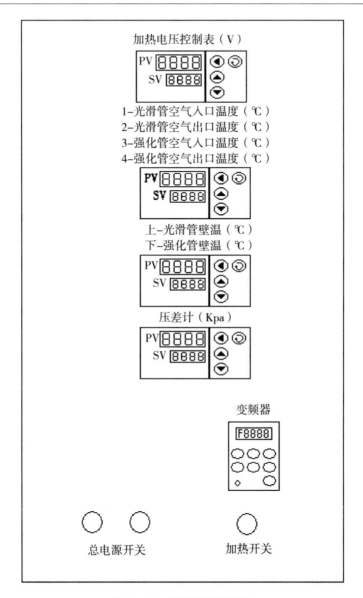

图2—15　实验装置面板图

Ⅱ. 计算机采集

（1）准备：打开计算机；实验设备通电，更改变频器中参数；关闭空气的旁路调节阀。

注：按变频器"DSP/FUN"键，示窗变为"F000"，利用"∨，∧，<"键，将"F000"改为"F010"；按"READ/ENTER"键，示窗变为"0000"，利用"∨，∧"键，将"0000"改为"0001"；再按"READ/ENTER"键，示窗变为"F010"，利用"∨，∧，<"键，将"F010"改为"F011"；按"READ/ENTER"键，示窗变为"0000"，利用"∨，∧"，将"0000"改为"0002"；按"READ/ENTER"后再按变频器"DSP/FUN"，此时变频器为自动计算机控制状态。

（2）打开计算机进入应用程序，在实验操作界面中点击（加热电压开关）上的绿色按键，在加热电压的红色数字上点击，在弹出的对话框中输入相应加热电压值后，确定并开始加热。

（3）待换热器有连续的蒸汽后，在实验操作界面中点击（风机开关）上的绿色按键，启动风机后，在实验操作界面中选择所做实验管路。

（4）在操作界面中选择实验管路，选择实验方法：

手动控制：在流量调节窗中输入一定的数值后，按下"流量调节"键，程序会按所输入的数值相应地调节变频器的频率，以达到改变空气流量的目的。3—5分钟后，点击"数据采集"即可完成一次数据的记录，在操作界面的上方会显示出这次所采集的数据，在操作界面的右下的图中出现相应的数据采集点。后再在流量调节窗中输入数值用以改变流量，待流量稳定后继续采集。

（5）待一个换热器实验结束后点击操作界面左上方的"文件"按键选择"结束实验"，对实验数据保存，切换另一换热器同上实验。待数据采集结束后可以将两次实验结果合并一处后，在实验结束前对数据和图像进行保存或打印。

（6）实验结束后，利用程序关闭风机和停止加热后，关闭程序。

五、实验数据记录与处理

1. 测得5—6个不同空气流速下简单套管换热器的对流传热系数 α_i。

2. 对 α_i 的实验数据进行线性回归，求关联式 $Nu = ARe^m Pr^{0.4}$ 中常数 A、m 的值。

3. 测得5—6个不同空气流速下强化套管换热器的对流传热系数 α_i。

4. 对 α_i 的实验数据进行线性回归，求关联式 $Nu = BRe^m Pr^{0.4}$ 中常数 B、

m 的值。

5. 同一流量下，根据所得准数关联式 $Nu = ARe^m Pr^{0.4}$，求 Nu_0，计算强化比 Nu/Nu_0。

6. 在同一流量下分别求取简单套管换热器、强化套管换热器的总传热系数 K。

六、注意事项

1. 实验前将加热器内的水加到指定的位置，防止电热器干烧损坏电器。特别是每个实验结束后，进行下一实验之前，如果发现水位过低，应及时补给水量。

2. 计算机数据采集和过程控制实验时应严格按照计算机使用规程操作计算机，采集数据和控制，实验时要注意观察实验现象。

3. 刚刚开始加热时，加热电压在 160V 左右。

4. 约加热 10min 后，可提前启动鼓风机，保证实验开始时空气入口温度 t_1 比较稳定。

5. 必须保证蒸汽上升管线的畅通。即在给蒸汽加热釜电压之前，两蒸汽支路控制阀之一必须全开。在转换支路时，应先开启需要的支路阀，再关闭另一侧，且开启和关闭控制阀必须缓慢，防止管线截断或蒸汽压力过大突然喷出。

6. 必须保证空气管线的畅通。即在接通风机电源之前，两个空气支路控制阀之一和旁路调节阀必须全开。在转换支路时，应先关闭风机电源，然后开启和关闭控制阀。

7. 注意电源线的相线，零、地线不能接错。

七、数据计算过程示例

1. 普通管对流传热准数关联式

已知数据及有关常数：

孔板流量计压差 $\Delta p = 0.66\text{kPa}$，进口温度 $t_1 = 31.6℃$，出口温度 $t_2 = 69.3℃$，壁面温度 $t_w = 100.4℃$。

（1）传热管内径 d_1（mm）及流通截面积 s_1（m²）：

$d_1 = 20.00$（mm）$= 0.02000$（m）；

$s_1 = \pi\ (d_1^2)\ /4 = 3.142 \times\ (0.02000)^2/4 = 0.0003142\ (m^2)$。

（2）传热管有效长度 l（m）及传热面积 A_1（m^2）：

$l = 1.200$（m）；

$A_1 = \pi l d_1 = 3.142 \times 1.200 \times 0.0200 = 0.07539\ (m^2)$。

（3）t_1（℃）为孔板处空气的温度，由此值查得空气的平均密度 ρ_{t1}，例如：$t_1 = 31.6$℃，查得 $\rho_{t1} = 1.17 kg/m^3$。

（4）传热管测量段上空气平均物性常数的确定：

先算出测量段上空气的定性温度 $\bar{t}$。为简化计算，取 t 值为空气进口温度 t_1 及出口温度 t_2 的算术平均值，即 $\bar{t} = \dfrac{t_1 + t_2}{2} = \dfrac{31.6 + 69.3}{2} = 50.45$（℃）；

据此查得：测量段上空气的平均密度 $\rho = 1.17$（kg/m^3）；

测量段上空气的平均比热 $c_p = 1005$［J/（kg·K）］；

测量段上空气的平均导热系数 $\lambda = 0.0282$［W/（m·K）］；

测量段上空气的平均黏度 $\mu = 0.0000196$（Pa·s）；

传热管测量段上空气的平均普兰特准数的 0.4 次方 $Pr^{0.4} = 0.696^{0.4} = 0.865$

（5）空气流过测量段上平均体积流速 q_V（m^3/h）的计算：

孔板流量计体积流量：

$$q_{Vt1} = C_0 \times A_0 \times \sqrt{\frac{2 \times \Delta p}{\rho_{t1}}} = 0.65 \times 3.14 \times 0.014^2/4 \times 3600$$

$$\times \sqrt{\frac{2 \times 0.66 \times 1000}{1.17}} = 12.1\ (m^3/h)$$

传热管内平均体积流量 q_{Vm}：

$$q_{Vm} = q_{Vt1} \times \frac{273 + t_m}{273 + t_1} = 12.1 \times \frac{273 + 69.3}{273 + 31.6} = 13.36\ (m^3/h)$$

平均流速 u_m：

$u_m = q_{Vm}/\ (s \times 3600) = 13.36/\ (0.0003142 \times 3600) = 11.81$（m/s）

（6）冷热流体间的平均温度差 Δt_m（℃）：

$$t_w = 100.4\ (℃)$$

$$\Delta t_m = t_w - \frac{t_1 + t_2}{2} = 100.4 - 50.45 = 49.95\ (℃)$$

（7）其余计算：

传热速率

$$Q = \frac{(q_V \times \rho_{\bar{t}} \times c_{p\bar{t}} \times \Delta t)}{3600} = \frac{12.1 \times 1.17 \times 1005 \times (69.3 - 31.6)}{3600}$$

$$= 149 \ (\text{W})$$

传热准数

对流传热系数 $\alpha = Q/(\Delta t_m \times A) = 149/(49.95 \times 0.07539)$

$$= 48(\text{W/m}^2 \cdot \text{℃})$$

$$Nu = \alpha_1 \times d_1/\lambda = 48 \times 0.0200/0.0282 = 34$$

雷诺准数

测量段上空气的平均流速 $u = 11.81$ （m/s）

$$Re = d_1 \bar{u} \rho/\mu = 0.0200 \times 11.81 \times 1.17/0.0000196 = 13311$$

（8）作图、回归，得到准数关联式 $Nu = ARe^m Pr^{0.4}$ 中的系数。$Nu_0 = 0.038Re^{0.71}Pr^{0.4}$；

（9）重复（1）—（8）步，处理强化管的实验数据。作图、回归得到准数关联式 $Nu = BRe^m$ 中的系数。

2. 准数关联图

如图 2—16 所示：

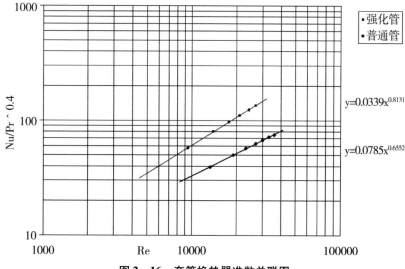

图 2—16 套管换热器准数关联图

实验六　精馏实验（计算机模拟）

一、实验目的与要求

1. 了解精馏装置、生产流程以及操作方法；
2. 学习精馏塔效率的测定方法；
3. 测定全回流条件下的全塔效率和板效率；
4. 测定部分回流条件下的全塔效率。

二、实验原理

1. 精馏塔全塔效率

在板式蒸馏塔中，混合液的蒸气逐板上升，回流液逐板下降，气液两相在塔板上接触，实现传质、传热过程而达到一定程度分离的目的。如果在每层塔板上，上升的蒸气与下降的液体处于平衡状态，则该塔板称为理论塔板。然而在实际操作过程中由于接触时间有限，气液两相不可能达到平衡，即实际塔板的分离效果达不到理论塔板的作用。因此，完成一定的分离任务，精馏塔所需的实际塔板数总是比理论塔板数多。

对于双组分混合液的蒸馏，若已知气液平衡数据，测得塔顶流出液组成 x_D、釜残液组成 x_W，液料组成 x_F 及回流比 R 和进料状态 q，就可用图解法在 $y-x$ 图上，或用其他方法求出理论塔板数 N_T。精馏塔的全塔效率 E_T 为理论塔板数 N_T 与实际塔板数 N 之比，可表示为：

$$E_T = \frac{N_T}{N} \qquad (2—44)$$

公式（2—44）中：

E_T——全塔效率；

N_T——理论塔板数；

N——实际塔板数。

影响塔板效率的因素很多，大致可归结为：流体的物理性质（如黏度、密度、相对挥发度和表面张力等），塔板结构以及塔的操作条件等。

由于影响塔板效率的因素相当复杂，目前塔板效率仍以实验测定给出。

理论塔板数可采用图解法求出。在实验中分别测出塔顶产品的浓度 x_D，塔底残液的浓度 x_W、原料液的浓度 x_F 以及回流比 R，通过作图可求出理论板数。

实际板数即为精馏装置已安装的板数。

2. 精馏塔单板效率

精馏塔的单板效率 E_M 可以根据气相或液相通过测定塔板的浓度变化进行计算。

若以液相浓度变化计算，则为：

$$E_{ML} = （x_{n-1} - x_n）/ （x_{n-1} - x_n *）\tag{2—45}$$

若以气相浓度变化计算，则为：

$$E_{MV} = （y_n - y_{n+1}）/ （y_n * - y_{n-1}）\tag{2—46}$$

公式（2—45）和（2—46）中：

x_{n-1}—第 $n-1$ 块板下降的液体组成，摩尔分数；

x_n—第 n 块板下降的液体组成，摩尔分数；

$x_n *$—第 n 块板上与升蒸汽 y_n 相平衡的液相组成，摩尔分数；

y_{n+1}—第 $n+1$ 块板上升蒸汽组成，摩尔分数；

y_n—第 n 块板上升蒸汽组成，摩尔分数；

$y_n *$—第 n 块板上与下降液体 x_n 相平衡的气相组成，摩尔分数。

在实验过程中，只要测得相邻两块板的液相（或气相）组成，依据相平衡关系，按上述两式即可求得单板效率 E_M。

三、实验流程及设备参数

1. 实验流程

实验流程如图 2—17 所示，溶液在原料液罐中储备，用泵对塔进行进料，塔釜用电热器加热，电热器的电压由控制柜来调整。

塔釜的蒸汽到塔顶后，由塔顶的冷凝器进行冷却（在仿真实验中设置为常开，无须开关冷却水阀），冷却后的冷凝液进入储液罐，回流分配器来控制回流比。

塔的压力由恒压调节阀来调节（塔压高的时候可打开阀门进行降压，一般塔压控制在 1.2atm 以下）。

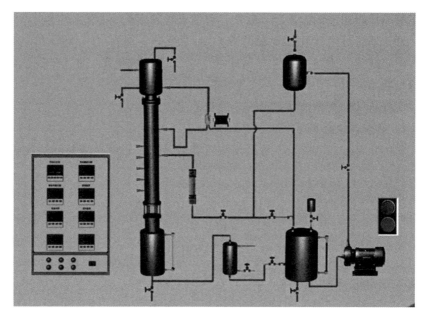

图 2—17　实验流程图

2. 主要设备规格

（1）精馏塔采用筛板结构，塔身用直径 $\Phi 57 \times 3mm$ 的不锈钢管制成，设有两个进料口，共 8 块塔板，塔板用厚度 1mm 的不锈钢板，板间距为 80mm；板上开孔率为 4%，孔径是 1.5mm，孔数为 43，孔间距为 6mm；孔按正三角形排列；降液管为 $\Phi 14 \times 2mm$ 的不锈钢管；堰高是 10mm，底隙高度为 4mm；在塔顶和灵敏板的塔段中装有 WZG – 001 微型铜电阻感温计各一支，并由仪表柜的 XCZ – 102 温度指示仪加以显示。

（2）蒸馏釜为 $\Phi 108 \times 4 \times 400mm$ 不锈钢材质立式结构，用一支 1kW 的 SRY – 2 – 1 型电热棒进行加热，一支 300W 的电热棒恒温加热，并由仪表柜上的电压、电流表加以显示。釜上有温度计和压力计，以测量釜内的温度和压力。

（3）冷凝器采用不锈钢蛇管式冷凝器，换热面积 $0.7m^2$。管内走物料，管外走冷却水。

（4）原料液罐由不锈钢材料制造，规格为 $\Phi 300 \times 350 \times 3mm$，装有液面计，以便观察槽内料液量。

（5）高位贮槽为 $\Phi 300 \times 350 \times 3mm$ 的不锈钢材料容器，顶部有放空管及与泵相连的入口管，下部有向塔供料的出口管。

（6）原料泵为旋涡式水泵，型号为 20W－20，流量为 0072m³/h，扬程为 20m。

（7）本实验进料溶液为乙醇—丙醇体系，其中乙醇占 30%（摩尔分数）。

四、实验操作

1. 回流进料

（1）打开泵开关

首先点击控制柜上的总电源开关（控制柜下部右边的红色按钮），打开电源。

点击涡轮泵右上方电源开关的绿色按钮接通电源，涡轮泵开始工作。

（2）打通进料的管线

开泵后依次点击调节阀和进料阀，在弹出的阀门调节窗口中调节泵出口调节阀和进料阀的开度为 100，开始全回流进料。

注意：由于灌塔时有延迟效应，所以在接近 1/2 左右就应关闭进料阀门，然后液面会稍有上升。

2. 塔釜加热升温

全回流进料完成后，开始加热，鼠标左键点击控制柜，出现控制柜上部画面。

控制柜上有显示精馏塔各参数的仪表，点击"回流比控制"下的仪表图可打开回流比控制画面。

再用鼠标左键点击"控制柜下部"按钮，切换到控制柜下部画面。

鼠标左键点击"加热电源开关"（绿色开关为打开开关，红色为关闭），接通加热电源，然后点击"关闭"按钮关闭控制柜画面或者点击"控制柜上部"切换到控制柜上部画面。

如果切换到控制柜上部画面，可以看到塔体和塔釜的温度及塔顶压力在不断上升。

加热开始后，回流开始前，应注意塔釜温度和塔顶压力的变化。当塔顶压力超过一个大气压很多时（例如 1.05atm 以上），应打开排气阀进行排气降压。此时应密切注视塔顶压力，当降到一个大气压时，应马上关闭。回流开始以后就不能再打开恒压排气阀，否则会影响实验结果的精度。当塔釜开始有蒸汽上升时应打开伴温开关。

注意：塔釜温度和塔身伴温是采用自动控制的，所以不用手工调节加热电压，到了一定的温度自动控温装置就会起作用。另外如果塔顶的温度或者压力过高，自动报警装置会报警并切断电源。

3. 全回流操作

塔顶的冷却水默认全开，当塔釜温度接近 90℃ 左右时，开始有冷凝液。因为采用的回流分配器默认状态"0：0"下就是全回流，所以不用调节。如果有改动，请打开控制柜，点击"回流比控制"下方的图片，调节回流时间与采出时间均为零。

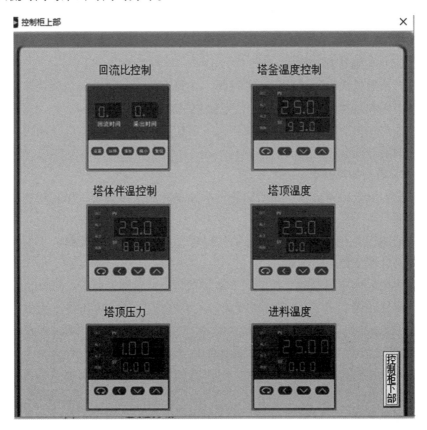

图 2—18　回流比控制

4. 读取全回流数据

鼠标左键点击"塔板组成取样口"位置可看到组分分析窗口（真实实验用仪器检测，此处简化）。

开始全回流10min以上，组分基本稳定达到正常值（此时各板的浓度基本不再变化）。当组分稳定以后，鼠标左键点击主窗口左侧菜单"数据处理"，在"原始数据"页填入数据。

其余的数据请参见"设备参数"页。

然后在"理论板数"页"开始绘制"按钮即可画出理论板。

此时再到"实验结果"页点击"自动计算"按钮即可自动计算并填入结果。

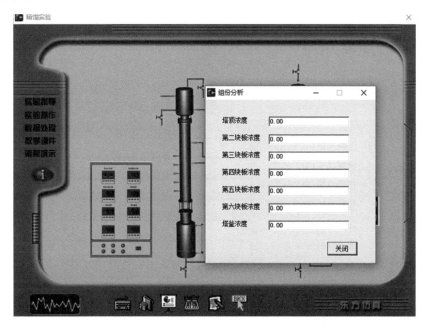

图2—19　读取数据

5. 部分回流操作

全回流完成以后，可以调节回流比开始部分回流。打开控制柜，点击"回流比控制"下方的图片，点击"设置"按钮，回流时间所对应的数字会闪烁不停，点击"增加"按钮四次，使读数变为"4"；再次点击"设置"按钮，使"采出时间"对应的数字闪烁，点击"增加"按钮一次，使读数变为"1"。最后点击"运停"，回流比设置完毕。

打开进料阀和原料液罐左边的塔釜采出阀，并注意维持塔釜液位。

注意：产品采出阀自动开启，不需手动调节。

建议条件：

进料：0.1mL/s

回流比：4∶1

塔釜采出阀开度：50%

读取部分回流数据与读取全回流数据基本相同，参见读取全回流数据。部分回流数据处理与全回流基本相同，参见全回流数据处理。

表2—10　数据记录表

精馏实验--数据处理　— □ ✕

| 原始数据 | 理论板数 | 实验结果 | 设备参数 |

进料流量(ml/s)

进料组成(摩尔分率)

塔顶组成(摩尔分率)

塔板组成(摩尔分率)

塔釜组成(摩尔分率)

回流时间(s)

采出时间(s)

实际塔板数

附录：（本实验所用的调节仪表使用方法）

以回流分配器为例，介绍各功能键的用途：

设置——在回流时间和采出时间两个调节项目之间来回切换，使之变为调节状态；

运停——开始运行当前设置；

增加——所选项目增加 1（最大 99）；

减小——所选项目减小 1（最小 0）；

复位——两个项目都变成 0 的原始状态；

用鼠标点击"设置"，"回流时间"所对应的数字将闪烁不停，表明它处于被调节状态，此时点击"增加"将使它增加 1，点击减小使它减 1；再次点击"设置"，将使"采出时间"闪烁，表明它处于被调节状态，点击"增加"和"减小"按钮可调节它的数值。当数值更改完毕，点击"运停"使当前设置生效，或点击"复位"，重新开始调节。

五、实验数据记录与处理

全回流和部分回流的数据处理基本相同。

在"原始数据"处可看到自动记录的数据（或手工记录后填写的数据）。

在"计算结果"项处可看到自动计算的结果，也可以把手工计算的结果填入数据栏中（可由此数据画出特性曲线）。

在理论板数项中可由"计算结果"中的数据画出精馏塔的特性曲线。

实验七　精馏实验（实物操作）

一、实验目的与要求

1. 了解板式塔的基本构造，精馏设备流程及各个部分的作用；研究开车过程中，精馏塔在全回流条件下，塔内温度等参数随时间的变化情况；测定精馏塔在全回流、稳定操作条件下，塔内温度和浓度沿塔高的分布；

2. 观察精馏塔工作时塔板上的水力状况；学会识别精馏塔内出现的几种操作状态，并分析这些操作状态对塔性能的影响；

3. 测定精馏塔在全回流和某一回流比下连续精馏时，稳定操作后的全塔理论塔板数、板效率，并掌握其影响因素。

二、实验原理

略，见实验六。

三、实验设备及主要参数

本精馏装置全部采用不锈钢材料制成，并安装玻璃观测管，在实验过程中可以清晰见到每块塔板上气—液传质过程的全貌，达到用较小的装置模拟大型工业生产规模的目的。

1. 主体设备

馏塔为筛板塔，全塔共有 9 块塔板，由不锈钢板制成。塔高 2.5m，塔身用内径为 50mm 的不锈钢管制成，每段为 10cm，焊上法兰后用螺栓连在一起，并垫上聚四氟乙烯垫防漏。塔身的第 2 段和第 8 段是用耐热玻璃制成的，以便于观察塔内的操作状况。除了这两段玻璃塔段外，其余的塔段都用玻璃棉保温。降液管是由外径为 8mm 的铜管制成。筛板的直径为 54mm，筛孔的直径为 2mm。塔中装有铂电阻温度计用来测量塔内气相温度。

塔顶的全凝器和塔底冷却器内是直径为 8mm 的螺旋状不锈钢管，外面是不锈钢套管。塔顶的物料蒸汽和塔底产品在不锈钢管外冷凝、冷却，不锈钢管内通冷却水。塔釜用电炉丝进行加热，外部也用保温棉保温。

混合液体从储料槽由泵经转子流量计计量后进入塔内。塔釜的液面计用于观察塔釜内的存液量。塔底产品经过冷却器由平衡管流出。回流比调节器用来控制回流比，馏出液储罐接收馏出液。

精馏塔主体参数见表 2—11。

表 2—11　精馏塔参数

名称	直径（mm）	高度（mm）	板间距（mm）	板数（块）	板型/孔径（mm）	降液管（mm）	材质
塔体	$\Phi 57 \times 3.5$	800	100	9	筛板/1.8	$\Phi 8 \times 1.5$	不锈钢
塔釜	$\Phi 100 \times 2$	300					不锈钢
塔顶冷凝器	$\Phi 57 \times 3.5$	300					不锈钢
塔釜冷凝器	$\Phi 57 \times 3.5$	300					不锈钢

实验设备示意图见图2—20。

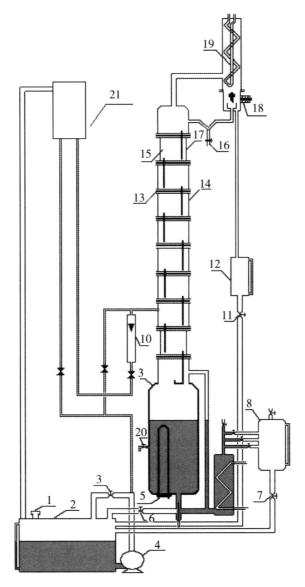

图 2—20　精馏实验设备示意图

1—原料罐进料口；2—原料罐；3—进料泵回流阀；4—进料泵；5—电加热器；6—釜料放空阀；7—塔釜产品罐放空阀；8—釜产品储罐；9—塔釜；10—流量计；11—顶产品罐放空阀；12—顶产品；13—塔板；14—塔身；15—降液管；16—塔顶取样口；17—观察段；18—线圈；19—冷凝器；20—塔釜取样口；21—高位槽。

图2—21为实验设备面板图。

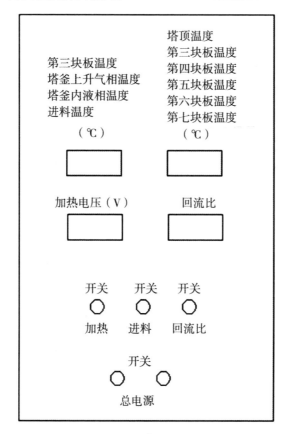

图2—21　实验设备面板图

2. 回流比的控制

回流比控制采用电磁铁吸合摆针方式实现。编制好通断时间程序就可控制回流比。

3. 物系（乙醇—正丙醇）

（1）纯度：化学或分析纯；

（2）平衡关系：见表2—12；

（3）料液浓度：15—25%（乙醇质量百分数）；

（4）浓度分析用阿贝折光仪，折光指数与溶液浓度的关系见表2—12。

表 2—12　乙醇—正丙醇 $t-x-y$ 关系（以乙醇摩尔分率表示，x–液相；y–气相）

t	97.60	93.85	92.66	91.60	88.32	86.25	84.98	84.13	83.06	80.50	78.38
x	0	0.126	0.188	0.210	0.358	0.461	0.546	0.600	0.663	0.884	1.0
y	0	0.240	0.318	0.349	0.550	0.650	0.711	0.760	0.799	0.914	1.0

乙醇沸点：78.3℃；正丙醇沸点：97.2℃。

平衡数据回归方程 $y = 0.6548x^3 - 1.7126x^2 + 2.0527x - 0.0019$

$x = 0.5504y^3 - 0.0636y^2 + 0.5299y + 0.001$

表 2—13　温度—折光指数—液相组成之间的关系

	0	0.05052	0.09985	0.1974	0.2950	0.3977	0.4970	0.5990
25℃	1.3827	1.3815	1.3797	1.3770	1.3750	1.3730	1.3705	1.3680
30℃	1.3809	1.3796	1.3784	1.3759	1.3755	1.3712	1.3690	1.3668
35℃	1.3790	1.3775	1.3762	1.3740	1.3719	1.3692	1.3670	1.3650

（续表 2—13）

	0.6445	0.7101	0.7983	0.8442	0.9064	0.9509	1.000
25℃	1.3607	1.3658	1.3640	1.3628	1.3618	1.3606	1.3589
30℃	1.3657	1.3640	1.3620	1.3607	1.3593	1.3584	1.3574
35℃	1.3634	1.3620	1.3600	1.3590	1.3573	1.3653	1.3551

在 30℃ 时，质量分数与阿贝折光仪读数之间关系也可按下列回归式计算：

$$W = 58.844116 - 42.61325\eta_D$$

其中，W 为乙醇的质量分率；η_D 为折光仪读数（折光指数）。

由质量分率求摩尔分率（x_A）：乙醇分子量 $M_A = 46$；正丙醇分子量 $M_B = 60$。

4. 操作参数

见表 2—14。

表 2—14　设备操作参数（供参考）

名称	数据范围		说明
塔釜加热	电压（V）100—160		①维持正常操作下的参数值； ②用固体调压器调压，指示的功率约为实际功率的 1/2—2/3。
	电流（A）4.0—6.0		
回流比 R	4—∞		
塔顶温度	78—83（℃）		
操作 稳定时间	20—35min		①开始升温到正常操作约 30min； ②正常操作稳定时间内各操作参数值维持不变， 板上鼓泡均匀。
实验结果	理论板数 （块）	3—6	一般用图解法
	总板效率%	50—85	
	精度	1 块	

四、实验操作

1. 实验前准备工作

（1）将与阿贝折光仪配套的超级恒温水浴调整到运行所需的温度，并记下这个温度。检查取样用的注射器和擦镜头纸是否准备好。

（2）检查实验装置上的各个旋塞、阀门，均应处于关闭状态。

（3）配制一定浓度（质量浓度约 20%）的乙醇—正丙醇混合液（总体积约 6000mL），倒入高位瓶。

（4）打开进料转子流量计的阀门，向精馏釜内加料到指定的高度（冷液面在塔釜总高 2/3 处），而后关闭流量计阀门。

2. 手动控制实验操作

Ⅰ.全回流操作

（1）打开塔顶冷凝器的冷却水，冷却水量要足够大（约 8L/min）。

（2）记下室温值。接上电源闸（220V），按下装置上总电源开关。

（3）调解电位器使加热电压为 130V 左右，待塔板上建立液层时，可适当加大电压（如 160V），使塔内维持正常操作。

（4）等各塔板上鼓泡均匀后，保持加热釜电压不变，在全回流情况下稳定20min。期间仔细观察全塔传质情况，待操作稳定后分别在塔顶、塔釜取样口用注射器同时取样，用阿贝折射仪分析样品浓度。

Ⅱ. 部分回流操作

（1）打开塔釜冷却水，冷却水流量以保证釜馏液温度接近常温为准。

（2）调节进料转子流量计阀，以1.5—2.0（L/h）的流量向塔内加料；用回流比控制调节器调节回流比 $R = 4$；馏出液收集在塔顶容量管中。

（3）塔釜产品经冷却后由溢流管流出，收集在容器内。

（4）等操作稳定后，观察板上传质状况，记下加热电压、电流、塔顶温度等有关数据。整个操作中维持进料流量计读数不变。用注射器取下塔顶、塔釜和进料三处样品，用折光仪分析，并记录进原料液的温度（室温）。

Ⅲ. 实验结束

（1）检查数据合理后，停止加料并将将加热电压调为零；关闭回流比调节器开关。

（2）根据物系的 $t - x - y$ 关系，确定部分回流下进料的泡点温度。

（3）停止加热后10min，关闭冷却水，一切复原。

3. 计算机控制实验和采集数据

向塔顶冷凝器、塔底冷却器通入冷却水。

接通设备总电源，按照计算机程序中的提示进行全回流操作，实验开始时务必把加热开关按下；待塔内操作稳定后，测定在全回流条件下塔体温度分布和塔顶温度动态响应曲线并确定操作的稳定时间。

进行连续精馏操作，通过计算机设定加热功率、回流比后，计算机自动操作得出结果。

实验结束后，按照计算机的要求退出控制程序并关机。关闭加热开关，关闭总电源，在无上升蒸汽后关闭冷却水。实验完毕，一切复原。

4. 注意事项

（1）实验物系是易燃物品，操作过程中避免洒落以免发生危险。

（2）加热功率由电位器调解，在加热时应注意加热千万不要过快，以免发生爆沸（过冷沸腾），使釜液从塔顶冲出。若遇此现象应立即断电，重新加料到指定冷液面，再缓慢升电压，重新操作。升温和正常操作中釜的电功率不能过大。

（3）开车时先开冷却水，再向塔釜供热；停车时则反之。

（4）测浓度用折光仪。读取折光指数，一定要同时记录测量温度，并按给定的折光指数—质量百分浓度—测量温度关系（见表2—13）测定有关数据。

（5）为便于对全回流和部分回流的实验结果（塔顶产品和质量）进行比较，应尽量使两组实验的加热电压及所用料液浓度相同或相近。连续开出实验时，在做实验前应将前一次实验时留存在塔釜和塔顶、塔底产品接收器内的料液均倒回原料液瓶中。

五、实验数据记录与处理

1. 全回流

塔顶样品折光指数 $\eta_D = 1.3620$

乙醇的质量分数 $W = 58.844116 - 42.61325 n_D$

$$= 58.844116 - 42.61325 \times 1.3620 = 0.805$$

摩尔分数

$$x_D = \frac{(0.805/46)}{(0.805/46) + (1 - 0.805)/60} = 0.843$$

同理：塔釜样品折光指数 $\eta_D = 1.3790$

乙醇的质量分率 $W = 58.844116 - 42.61325 n_D$

$$= 58.844116 - 42.61325 \times 1.3790 = 0.0804$$

摩尔分数 $x_W = 0.103$

如图2—22所示，在平衡线和操作线之间用图解法求得理论板数为4.246。

则全塔效率

$$E = \frac{N_T}{N} = \frac{4.246}{9} = 47.3\%$$

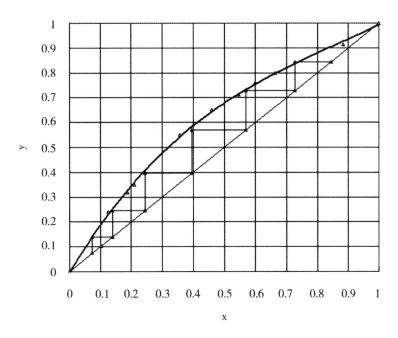

图2—22　全回流条件图解理论塔板数

2. 部分回流（$R=4$）

样品折光指数：塔顶 $\eta_D = 1.3610$，塔釜 $\eta_D = 1.3785$，进料 $\eta_D = 1.3740$。

计算出摩尔浓度 $x_D = 0.879$；$x_W = 0.129$；$x_F = 0.351$。

进料温度 $t_F = 22℃$，

在 $x_F = 0.351$ 下，泡点温度 88.7℃

乙醇在 55.3℃ 下的比热 $c_{p1} = 2.96$［kJ/（kg·℃）］

正丙醇在 59.15℃ 下的比热 $c_{p2} = 2.809$［kJ/（kg·℃）］

乙醇在 88.7℃ 下的汽化潜热 $r_1 = 664.5$（kJ/kg）

正丙醇在 88.7℃ 下的汽化潜热 $r_2 = 517$（kJ/kg）

$$q \text{ 线斜率} = \frac{q}{q-1} = 3.94$$

混合液体比热 $c_{pm} = 46 \times 0.351 \times 2.96 + 60 \times (1 - 0.351) \times 2.809 = 157.30$［kJ/（kmol·℃）］

混合液体汽化潜热 $r_{pm} = 46 \times 0.351 \times 664 + 60 \times (1 - 0.351) \times 517 = 30888$（kJ/kmol）

在平衡线和精馏段操作线、提馏段操作线间，用图解法得理论板数为7，如图 2—23 所示。

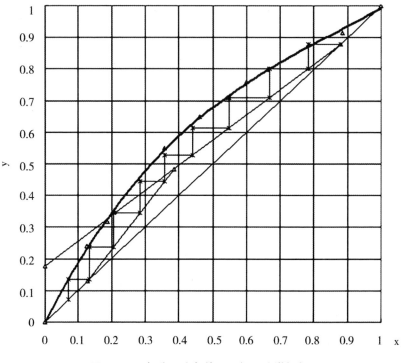

图 2—23　部分回流条件下图解理论塔板数

得全塔效率

$$E = \frac{N_T}{N} = 77\%$$

3. 单板效率计算

单板效率可以用默弗里单板效率表示，若以经过某块塔板液相浓度的变化计算，称之为液相默弗里单板效率，用 E_{ML} 表示，计算公式见（2—45）。

只要测出 x_{n-1}、x_n、y_n，通过平衡关系由 y_n 计算出 x_n^*，则根据式（2—45）就可计算出默弗里液相单板效率 E_{ML}。

例：计算全回流条件下第 6 块塔板的单板效率。

	折光指数	质量浓度	摩尔浓度
第五块塔板液相浓度	1.367	0.59213	0.65441
第六块塔板液相浓度	1.369	0.50691	0.572815
第七块塔板液相浓度	1.372	0.37908	0.443307

$x_5 = 0.6544$　　$x_6 = 0.5728$　　$y_6 = x_5 = 0.6544$　　$x_6^* = 0.474$

$$E_{mL} = \frac{x_{n-1} - x_n}{x_{n-1} - x_n^*} = \frac{x_5 - x_6}{x_5 - x_6^*} = \frac{0.6544 - 0.5728}{0.6544 - 0.474} = 45.4\%$$

同理，可以得到第 7 块塔板的单板效率 $E_{ML} = 69.7$。

实验八　干燥实验（计算机模拟）

一、实验目的与要求

1. 了解气流干燥设备的基本流程和工作原理；
2. 掌握物料干燥速率曲线的测定方法；
3. 测定物料（纸板）在一定干燥条件下的干燥速率曲线及传质系数。

二、实验原理

1. 干燥特性曲线

若将湿物料置于一定的干燥条件下，例如一定的温度、湿度和速度的空气流中，测定被干燥物料的重量和温度随时间的变化关系，则得图 2—24 所示曲线，即物料含水量—时间曲线、物料温度—时间曲线。

干燥过程分为三个阶段：Ⅰ. 物料预热阶段；Ⅱ. 恒速干燥阶段；Ⅲ. 降速干燥阶段。图 2—24 中 AB 段处于预热阶段，空气中部分热量用来加热物料，故物料含水量随时间变化不大。在随后的第Ⅱ阶段 BC，由于物料表面存有自由水分，物料表面温度等于空气湿球温度 t_w，传入的热量只用来蒸发物料表面的水分，物料含水量随时间成比例减少，干燥速率恒定且较大。

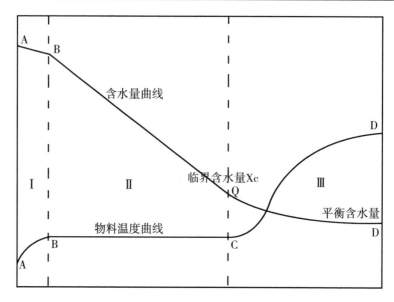

图 2—24 物料含水量—时间曲线及物料温度—时间曲线

物料中含水量减少到某一临界含水量时进入第Ⅲ阶段，由于物料内部水分的扩散慢于物料表面的蒸发，不足以维持物料表面保持润湿，则物料表面将形成干区，干燥速率开始降低，含水量越小，速率越慢，干燥曲线 CD 逐渐达到平衡含水量 X^* 而终止。在降速阶段，随着水分汽化量的减少，传入的热较汽化带出的潜热为多，热空气中部分热量用于加热物料。物料温度开始上升，Ⅱ 与 Ⅲ 交点处的含水量称为物料的临界含水量 X^*，在图 2—24 中物料含水量曲线对时间的斜率就是干燥速率 u。

若干燥速率 u 对物料含水量 X 进行标绘可得如图 2—25 所示的干燥速率曲线。

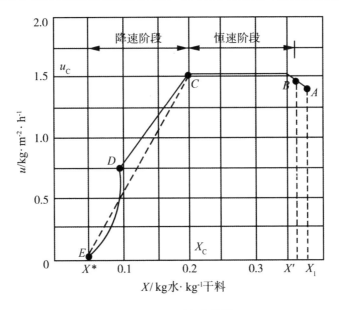

图2—25　干燥速率曲线

2. 干燥速率曲线的测定方法

干燥速率曲线只能通过实验测得，因为干燥速率不仅取决于空气的性质和操作条件，而且还受物料性质结构以及所含水分性质的影响。

干燥速率 u 为单位时间在干燥物料的单位干燥面积上汽化的水分量 W，用微分式表示为：

$$u = \frac{dW}{A d\tau} = \frac{L_c \cdot dX}{A \cdot d\tau} = \frac{L_c \cdot \Delta X}{A \cdot \Delta \tau} \quad [\,\text{kg}/\,(\text{m}^2 \cdot \text{s})\,] \qquad (2—47)$$

公式（2—47）中：

u—干燥速率，$[\,\text{kg}/\,(\text{m}^2 \cdot \text{s})\,]$；

L_c—绝干物料的质量，（kg）；

A—干燥表面积，（m^2）；

$d\tau$—相应的干燥时间，（s）；

dW—汽化的水分量，（kg）；

X—物料的干基含水量，（kg 水/kg 干物料）；

τ—干燥时间，（s）。

通过实验可以测出一组 ΔX 与 $\Delta \tau$，用式（2—47）可计算出干燥速率，即可绘制出测定条件下的干燥速率曲线。

本实验装置近似于工业上的厢式洞道式干燥器，计算的是达到一定干燥要求所需时间。而工业上连续操作的干燥器如气流干燥器、沸腾床干燥器，物料连续进入，干燥条件随过程不断变化，往往计算的是完成一定处理能力、一定干燥要求所需设备尺寸，同样需要测定干燥速率曲线，只是测定的方法和实验装置不同。

图 2—24 的横坐标 X 为相应于某干燥速率下的物料的平均含水量

$$X_{\Psi} = \frac{X_i + X_{i+1}}{2} = \left[\frac{Ls_i + Ls_{i+1}}{2L_c} \right] - 1 \qquad (2—48)$$

公式（2—48）中：

X_{Ψ}——某干燥速率下湿物料的平均含水量，（kg）；

Ls_i，Ls_{i+1}——分别为 $\triangle \tau$ 时间间隔内开始和终了时湿物料重量，（kg）；

Lc——湿物料中绝对干物料的重量，（kg）。

3. 传质系数 K_H 的测定

在恒速干燥条件下，传质系数的计算公式为：

$$K_H = u \cdot r_w / 1.09 \ (t - t_w) \ (kg/m^2) \qquad (2—49)$$

公式（2—49）中：

r_w——湿球温度下水的汽化热，（kJ/kg）；

t——空气的干球温度（干燥室前），（℃）；

t_w——空气的湿球温度，（℃）。

（1）恒速阶段：恒速阶段的干燥速率 u 仅由外部干燥条件决定，物料表面温度近于空气湿球温度 t_w。在恒定干燥条件下，物料表面与空气之间的传热和传质速率分别用下式表示：

$$\frac{dQ}{Ad\tau} = \alpha \ (t - t_w) \qquad (2—50)$$

$$\frac{dW}{Ad\tau} = K_H \ (H_W - H) \qquad (2—51)$$

公式（2—50）、（2—51）中：

Q——空气传给物料的热量，（kJ）；

τ——干燥时间，（s）；

A——干燥面积，（m²）；

α——空气至物料表面的传热膜系数，[kW/（m² · K）]；

T——空气温度，（℃）；

t_w——湿物料表面温度（即空气的湿球温度），（℃）；

W——由物料汽化至空气中的水分，（kg）；

K_H——以湿度差为推动力的传质系数，[kg/（$m^2 \cdot s$）]；

H——空气的湿度，（kg 水/kg 干空气）。

（2）降速阶段：降速干燥阶段中干燥速率曲线的形状随物料内部结构以及所含水分性质不同而异，因而干燥曲线只能通过实验得到。降速阶段干燥时间的计算可以根据速率曲线数据图解求得，当降速阶段的干燥速率近似看作与物料的自由含水量（$X - X^*$）成正比时，干燥速率曲线可简化为直线。

即为：

$$u = k_x \ (X - X^*) \tag{2—52}$$

$$k_x = u/ \ (X - X^*) \tag{2—53}$$

公式（2—52）、（2—53）中：

k_x——以含水量差 $\triangle X$ 为推动力的比例系数，[kg/（$m^2 \cdot s \cdot \triangle X$）]；

u——物料含水量为 X 时的干燥速率，[kg/（$m^2 \cdot s$）]；

X——在 τ 时的物料含水量，（kg/kg 绝干物料）；

X^*——物料的平衡含水量，（kg/kg 绝干物料）。

由实验得到的物料临界含水量 X^* 对于干燥装置的设计十分重要，不仅对于计算干燥速率，干燥时间以及干燥器的尺寸必不可少，而且由于影响二个干燥阶段干燥速率的因素不同，因而确定 X^* 值对于强化具体干燥过程也有重要意义。

三、实验流程与设备参数

1. 实验流程

如图 2—26 所示，空气由风机经孔板流量计、电加热器送入干燥室，然后返回风机，循环使用。由吸气口吸入一部分空气，由排气口排出一部分空气，以保持系统湿度恒定，由蝶型阀控制空气流量。电加热器由继电器控制，使进入干燥室空气的温度恒定，干燥室前方装有干、湿球温度计，风机出口及干燥室后也装有温度计，都用以确定干燥室的空气状态。

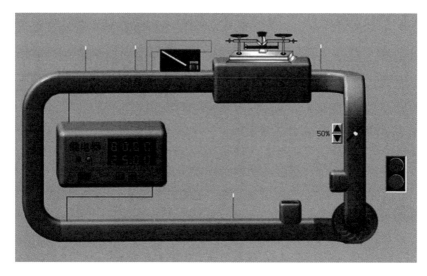

图2—26　实验流程图

2. 主要设备规格

孔板流量计：管径 $D = 106\text{mm}$，孔径 $d = 68.46\text{mm}$

孔流系数 $C_0 = 0.6655$

干燥室尺寸：$0.15\ [\text{m}]\ \times 0.20\ [\text{m}]$

四、实验操作

1. 启动风机

鼠标左键点击风机电源开关的绿色键，接通电源，启动风机。

鼠标左键点击斜管压差计可看到放大的画面，可以调节蝶型阀的开度调节风量。

注意：禁止在启动风机以前加热，这样会烧坏加热器。

2. 开始加热

开启风机后，鼠标左键点击继电器的开关，可以看到开始加热，温度升高。可以用温度调节按钮调节加热温度，按左边的键是增加，按右边的键是减小。达到要求的温度后，继电器会自动保持给定的温度，然后进行下一步。

3. 进行干燥实验

实验开始时，在温度达到要求后，干燥室内挂一张充分润湿的纸板，上面与天平的一个托盘下部相连，另一个托盘放砝码。先使天平平衡，然后减去一定质量的砝码，平衡被破坏，但随着纸片被热风干燥，质量减少，当干燥的水分质量与减去的砝码质量相同时，天平会恢复平衡，然后向另一端倾斜。这时记下所用的时间，就可以计算出干燥速率。不断减去砝码，记录时间就可计算并描绘出干燥速率曲线。

真实的实验操作，应由三个人分工协作，一人减砝码，一人计时，一人记录数据。计算机上操作作了简化，只需一个人点击一个按钮就可以完成三个人的工作，因此本实验的"自动记录"功能是打开的。

在实验主窗口干燥室的天平上点击鼠标左键，即可调出天平画面。

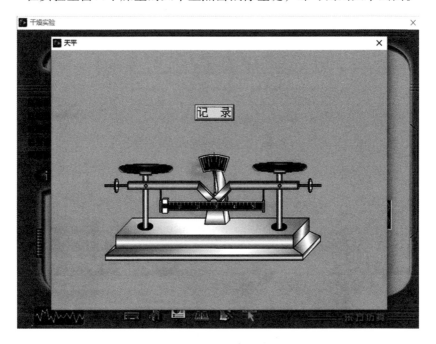

图 2—27　读取数据

实验中，第一次按键向干燥室内挂好纸片，这时天平会倾斜，待天平再次平衡后按键记录下时间同时自动减去 1g 砝码，天平再次倾斜，重复上述步骤。当单位计时超过 360s 时，可结束实验，进入数据处理。

表 2—15 数据记录表

注意：

如果实验当中有一个数据的记录发生错误，按照实验的规程，所有数据作废，应该重新开始实验。

五、实验数据记录与处理

在"原始数据"项可看到自动记录下的数据。

在"计算结果"处可看到自动计算出的结果。

在"特性曲线"处可看到干燥速率的曲线（点击键可自动绘制出曲线）。

实验九　干燥实验（实物操作）

一、实验目的与要求

1. 了解实验室干燥设备的基本构造与工作原理，掌握恒定干燥条件下物料的干燥曲线和干燥速率曲线的测定方法；

2. 学习物料含水量的测定方法，加深对物料临界含水量 X_c 的概念及其影响因素的理解；

3. 学习恒速干燥阶段被干燥物料与热空气之间对流传热系数的测定方法；

4. 通过实物了解干燥操作中废气循环的流程和概念。

二、实验原理

1. 干燥特性曲线

若将湿物料置于一定的干燥条件下，例如一定的温度、湿度和速度的空气流中，测定被干燥物料的重量和温度随时间的变化关系，则得图 2—23 所示曲线，即物料含水量—时间曲线、物料温度—时间曲线。

干燥过程分为三个阶段：Ⅰ. 物料预热阶段；Ⅱ. 恒速干燥阶段；Ⅲ. 降速干燥阶段。图 2—23 中 AB 段处于预热阶段，空气中部分热量用来加热物料，故物料含水量随时间变化不大。在随后的第Ⅱ阶段 BC，由于物料表面存有自由水分，物料表面温度等于空气湿球温度 t_w，传入的热量只用来蒸发物料表面的水分，物料含水量随时间成比例减少，干燥速率恒定且较大。

物料中含水量减少到某一临界含水量时进入第Ⅲ阶段，由于物料内部水分的扩散慢于物料表面的蒸发，不足以维持物料表面保持润湿，则物料表面将形成干区，干燥速率开始降低，含水量越小，速率越慢，干燥曲线 CD 逐渐达到平衡含水量 $X*$ 而终止。在降速阶段，随着水分汽化量的减少，传入的热较汽化带出的潜热为多，热空气中部分热量用于加热物料。物料温度开始上升，Ⅱ 与 Ⅲ 交点处的含水量称为物料的临界含水量 $X*$，在图2—23中物料含水量曲线对时间的斜率就是干燥速率u。

若干燥速率u对物料含水量X进行标绘可得如图2—24所示的干燥速率曲线。

被干燥物料的重量G：

$$G_i = G_{T,i} - G_D，（g）\tag{2—54}$$

$$G_{i+1} = G_{T,i+1} - G_D，（g）\tag{2—55}$$

被干燥物料的干基含水量X：

$$X_i = \frac{G_i - G_c}{G_c}，（kg 水/kg 绝干物料）\tag{2—56}$$

$$X_{i+1} = \frac{G_{i+1} - G_c}{G_c}，（kg 水/kg 绝干物料）\tag{2—57}$$

两次记录之间的平均含水量X_{AV}

$$X_{AV} = \frac{X_i + X_{i+1}}{2}，（kg 水/kg 绝干物料）\tag{2—58}$$

两次记录之间的平均干燥速率

$$u = -\frac{G_C \times 10^{-3}}{A} \times \frac{dX}{d\tau} = -\frac{G_C \times 10^{-3}}{A} \times \frac{X_{i+1} - X_i}{\tau_{i+1} - \tau_I}，[kg 水/（s \cdot m^2）]$$

$$\tag{2—59}$$

干燥曲线$X - \tau$曲线，用X、τ数据进行标绘，见图2—23。

干燥速率曲线$u - X$曲线，用u、X_{AV}数据进行标绘，见图2—24。

恒速阶段空气至物料表面的对流传热系数

$$\alpha = \frac{Q}{A \times \Delta t} = \frac{u_C r_{t_W} \times 10^3}{t - t_W}[W/（m^2℃）]\tag{2—60}$$

式（2—54）到（2—60）中：

A——干燥面积，（m^2）；

G_C——绝干物料量，（g）；

R——空气流量计的读数，（kPa）；

t_o——干燥器进口空气温度，（℃）；

t——试样放置处的干球温度，（℃）；

t_w——试样放置处的湿球温度，（℃）；

G_D——试样支撑架的重量，（g）；

G_T——被干燥物料和支撑架的总重量，（g）；

G——被干燥物料的重量，（g）；

τ——累计的干燥时间，（s）；

X——物料的干基含水量，（kg 水/kg 绝干物料）；

X_{AV}——两次记录之间的被干燥物料的平均含水量，（kg 水/kg 绝干物料）；

u_c——恒速干燥阶段的干燥速率，[kg 水/（s·m²）]。

$\Gamma_{tw} - t_w$℃ 下水的汽化热，J/kg，流量计处体积流量 q_v（m³/h），用其回归式算出。

流量由公式（2—61）计算

$$q_v = C_0 \times A_0 \times \sqrt{\frac{2 \times \Delta p}{\rho_t}} \qquad (2—61)$$

式中：

C_0——孔板流量计孔流系数，$C_0 = 0.65$

A_0——孔的面积，（m²）；

d_0——孔板孔径，$d_0 = 0.040 \text{m}$；

q_v——空气入口温度（及流量计处温度）下的体积流量，（m³/h）；

Δp——孔板两端压差，（kPa）；

ρ_t——空气入口温度（及流量计处温度）下密度，（kg/m³）。

干燥试样放置处的空气流量

$$q_V = q_{V试} \times \frac{273 + t}{273 + t_0}, \quad (\text{m}^3/\text{h}) \qquad (2—62)$$

干燥试样放置处的空气流速

$$u = \frac{q_V}{3600 \times A}, \quad (\text{m/s}) \qquad (2—63)$$

三、实验流程与设备参数

1. 实验流程

如图 2—28 所示：

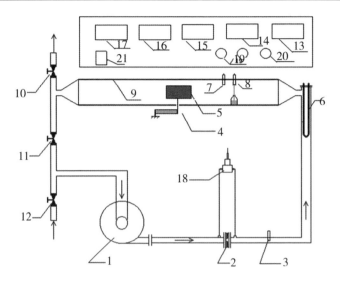

图 2—28　实验装置流程图

1. 中压风机；2. 孔板流量计；3. 空气进口温度计；4. 重量传感器；5. 被干燥物料；
6. 加热器；7. 干球温度计；8. 湿球温度计；9. 洞道干燥器；10. 废气排出阀；11. 废
气循环阀；12. 新鲜空气进气阀；13. 干球温度显示控制仪表；14. 湿球温度显示仪表；
15. 进口温度显示仪表；16. 流量压差显示仪表；17. 重量显示仪表；18. 压力变送器；
19. 总电源开关；20. 加热开关；21. 变频器调频装置。

2. 设备基本参数

（1）洞道干燥器：空气流通的横截面积见表 2—16。

（2）鼓风机：BYF7132 型三相低噪声中压风机，最大出口风压为 1.7
［kPa］，电机功率为 0.55 ［kW］。

（3）空气预热器：三个电热器并联，每个电热器的额定功率为 450
［W］，额定电压为 220 ［V］。

（4）重量变送器：量程 0 - 200 ［g］，精度 0.1 级，输出 0 - 5 ［V］，
供电电源 12 ［VDC］。

（5）压差变送器：量程 0 - 10 ［kPa］，精度 0.5 级，输出 4 - 20
［mA］，供电电源 24 ［VDC］。

（6）显示仪表：

a. 重量显示：输入 0 - 5 ［V］，显示 0 - 200 ［g］，供电电源 220
［VAC］。

　　b. 压差显示：输入 4 – 20［mA］，显示 0 – 10［kPa］，供电电源 220
［VAC］。

　　c. 温度显示：输入 K，显示 – 50 – 150［℃］，供电电源 220［VAC］。

　　d. 温度显示控制仪表：输入 Pt100，显示 – 50 – 150［℃］，输出 0 – 5
［V］，供电电源 220［VAC］。

　　（7）被干燥物的试样

　　被干燥物料为工业呢。每一套装置所用某种纺织布料的干燥面积、绝
干物料量可能稍有差别，具体数值见表 2—16 等。

四、实验操作

1. 准备工作

　　（1）将被干燥物料试样进行充分的浸泡。

　　（2）向湿球温度湿度计的附加蓄水池内补充适量的水，使池内水面上
升至适当位置。

　　（3）将被干燥物料的空支架安装在洞道内。

　　（4）调节新空气入口阀到全开的位置。

2. 实验操作方法

　　Ⅰ. 人工操作实验

　　（1）按下电源开关的绿色按键，再按变频器开关"RUN/STOP"，开
动风机。

　　（2）调节三个蝶阀到适当的位置，将空气流量调至指定读数（1.0 –
1.15）。

　　（3）在温度显示控制仪表上，利用"＜，∨，∧"键调节实验所需温
度值（60℃）"SV"窗口显示，此时"PV"窗口所显示的即为干燥器实际
干球温度值。按下加热开关，让电热器通电。

　　（4）干燥器的流量和干球温度恒定达 5min 之后（按下加热开关后半
小时左右），即可开始实验。此时，读取数字显示仪的读数作为试样支撑
架的重量（G_D）。

　　（5）将被干燥物料试样从水盆内取出，控去浮挂在其表面上的水份
（使用呢物料时，最好用力挤去所含的水分，以免干燥时间过长。将支架
从干燥器内取出，再将支架插入试样内直至尽头）。

（6）将支架连同试样放入洞道内，并安插在其支撑杆上。注意：不能用力过大，避免传感器受损。

（7）立即按下秒表开始计时，并记录显示仪表上的显示值。然后每隔一段时间（3min）记录数据一次（记录总重量和时间），直至同样的时间下重量的减少是恒速阶段所用时间的 8 倍时，即可结束实验。注意：最后若发现时间已过去很长，但减少的重量还达不到所要求的克数，则可立即结束记录数据。（3min 内减少 0.1 - 0.2g）

注意事项：

（1）在安装试样时，一定要小心保护传感器，以免用力过大使传感器造成机械性损伤。

（2）在设定温度给定值时，不要改动其他仪表参数，以免影响控温效果。

（3）为了设备的安全，开车时，一定要先开风机，后开空气预热器的电热器。停车时则反之。

（4）突然断电后，再次开启实验时，检查风机开关、加热器开关是否已被按下，如果被按下，请再按一下使其弹起，不再处于导通状态。

Ⅱ. 计算机控制实验

（1）打开计算机，用网线将计算机和设备向连接以便数据的传输。

（2）更改计算机的 IP 地址为：192. 168. 0. 10

（3）实验设备通电更改变频器中参数。

注：按变频器"DSP/FUN"键，示窗变为"F000"，利用"∨，∧，<"键，将"F000"改为"F010"，按"READ/ENTER"键，示窗变为"0000"，利用"∨，∧"键，将"0000"改为"0001"，再按"READ/ENTER"键，示窗变为"F010"，利用"∨，∧，<"键，将"F010"改为"F011"按"READ/ENTER"键，示窗变为"0000"，利用"∨，∧"，将"0000"改为"0002"，按"READ/ENTER"后再按变频器"DSP/FUN"，此时变频器为自动计算机控制状态。

（4）打开计算机中干燥的应用程序，先开风机再加热，根据程序提示输入相应数字，待仪表上各数字与所设数字大致一致时，按计算机提示读取数据后即可开始实验。

（5）数据采集完后在结束实验之前对实验数据和图表进行保存，实验结束先关加热，待干球温度降到35℃以下后关掉风机和总电源。

五、实验数据记录与处理

1. 实验的结果记录

（1）实验的数据见表2—16。

2. 数据的计算举例

以表2—16所示的实验的第 i 和 $i+1$ 组数据为例。

$i=1$

$i+1=2$

$G_{T,i}=175.3g$

$G_{T,i+1}=174.5g$

$G_D=113.5g$

由公式（2—54）、（2—55）得：$G_i=37.6g$，$G_{i+1}=36.8g$

$G_C=24.2g$

由公式（2—56）、（2—57）得：$X_i=1.5537$（kg 水/kg 绝干物料）

$X_{i+1}=1.5207$［kg 水/kg 绝干物料］

由公式（2—58）得：$X_{AV}=1.5372$［kg 水/kg 绝干物料］

$A=2\times0.15\times0.085=0.026$（m^2）

$\tau_i=0$（s），$\tau_{i+1}=180$（s）

由公式（2—59）得：$u=1.646\times10^{-4}$［kg 水/（s·m^2）］

表2—16 干燥实验装置实验原始及整理数据表

空气孔板流量计读数 R:0.7kPa,流量计处的空气温度 t_0:33.9℃,干球温度 t:60℃

湿球温度 t_W:29.4℃,框架重量 G_D:113.5g,绝干物料量 G_C:24.2g,

干燥面积 s:0.15×0.085×2=0.026m^2,洞道截面积:0.15×0.2=0.03m^2

序号	累计时间 τ/［min］	总重量 G_T/［g］	干基含水量 X/［kg/kg］	平均含水量 X_{AV}/［kg/kg］	干燥速率 $u\times10^4$/［kg/(s·m^2)］
1	0	175.3	1.5537	1.5372	1.646
2	3	174.5	1.5207	1.5021	1.852
3	6	173.6	1.4835	1.4690	1.440

续表

序号	累计时间 $\tau/[\,\text{min}\,]$	总重量 $G_{\text{T}}/[\,\text{g}\,]$	干基含水量 $X/[\,\text{kg/kg}\,]$	平均含水量 $X_{\text{AV}}/[\,\text{kg/kg}\,]$	干燥速率 $u \times 10^4/$ $[\,\text{kg/(s} \cdot \text{m}^2)\,]$
4	9	172.9	1.4545	1.4298	2.469
5	12	171.7	1.4050	1.3905	1.440
6	15	171.0	1.3760	1.3533	2.263
7	18	169.9	1.3306	1.3120	1.852
8	21	169.0	1.2934	1.2748	1.852
9	24	168.1	1.2562	1.2376	1.852
10	27	167.2	1.2190	1.1983	2.058
11	30	166.2	1.1777	1.1550	2.263
12	33	165.1	1.1322	1.1157	1.646
13	36	164.3	1.0992	1.0744	2.469
14	39	163.1	1.0496	1.0351	1.440
15	42	162.4	1.0207	0.9979	2.263
16	45	161.3	0.9752	0.9587	1.646
17	48	160.5	0.9421	0.9194	2.263
18	51	159.4	0.8967	0.8822	1.440
19	54	158.7	0.8678	0.8471	2.058
20	57	157.7	0.8264	0.8037	2.263
21	60	156.6	0.7810	0.7624	1.852
22	63	155.7	0.7438	0.7252	1.852
23	66	154.8	0.7066	0.6880	1.852
24	69	153.9	0.6694	0.6508	1.852
25	72	153.0	0.6322	0.6116	2.058
26	75	152.0	0.5909	0.5744	1.646
27	78	151.2	0.5579	0.5372	2.058
28	81	150.2	0.5165	0.4979	1.852

序号	累计时间 $\tau/[\text{min}]$	总重量 $G_T/[\text{g}]$	干基含水量 $X/[\text{kg/kg}]$	平均含水量 $X_{AV}/[\text{kg/kg}]$	干燥速率 $u\times10^4/$ $[\text{kg/(s}\cdot\text{m}^2)]$
29	84	149.3	0.4793	0.4628	1.646
30	87	148.5	0.4463	0.4277	1.852
31	90	147.6	0.4091	0.3905	1.852
32	93	146.7	0.3719	0.3574	1.440
33	96	146.0	0.3430	0.3264	1.646
34	99	145.2	0.3099	0.2934	1.646
35	102	144.4	0.2769	0.2603	1.646
36	105	143.6	0.2438	0.2293	1.440
37	108	142.9	0.2149	0.2004	1.440
38	111	142.2	0.1860	0.1736	1.235
39	114	141.6	0.1612	0.1529	0.823
40	117	141.2	0.1446	0.1322	1.235
41	120	140.6	0.1198	0.1095	1.029
42	123	140.1	0.0992	0.0930	0.617
43	126	139.8	0.0868	0.0764	1.029
44	129	139.3	0.0661	0.0599	0.617
45	132	139.0	0.0537	0.0455	0.823
46	135	138.6	0.0372	0.0289	0.823
47	138	138.2	0.0207	0.0124	0.823
48	141	137.8	0.0041	0.0000	0.412
49	144	137.6	-0.0041	-0.0021	0.004

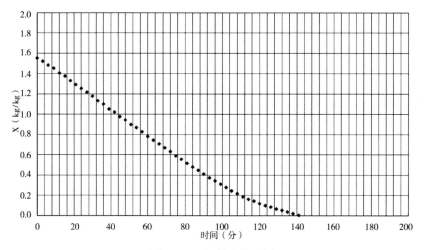

图2—29　干燥曲线示例

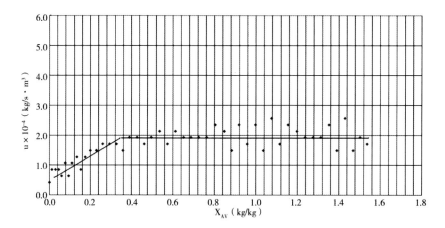

图2—30　干燥速率曲线示例

附仪表参数

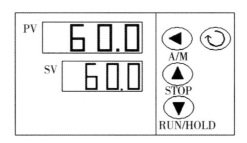

按住 ⟳ 键 30s，仪表"PV"窗口显示"HIAL"，"SV"窗口显示"999.9"，此时每按一下 ⟳ 键，"PV"窗口都显示一组字母，相应的"SV"窗口显示的为数字或字母对应下表调节即可。

表 2—17　仪表显示字母与数值对照表

干燥温控表					
参数	数值	参数	数值	参数	数值
HIAL	999.9	CHYS	0.5	bAud	9600
LoAL	−199.9	InP	21	AF	0
HdAL	999.9	dPt	0.0	PASd	0
LdAL	−199.9	SCL	0.0	SPL	−999
AHYS	0.5	SCH	100.0	SPH	3000
AdIS	on	Scb	0.0	SP1	—
AOP	1111	FILt	5	SP2	—
CtrL	nPId	Fru	50C	EP1	HIAL
Act	Re	Opt	4—20	EP2	LoAL
A−M	Auto	Aut	SSr	EP3	HdAL
At	Off	OPL	0	EP4	LdAL
P	64.8	OPH	50	EP5	nonE
I	45	Oprt	0	EP6	nonE
d	63.0	OEF	3000	EP7	nonE
CtI	1.0	Addr	1	EP8	nonE

（续表）

温度表		流量压差表		重量表	
参数	数值	参数	数值	参数	数值
HIAL	3000	HIAL	3000	HIAL	3000
LoAL	−999	LoAL	−999	LoAL	−999
HdAL	3000	HdAL	3000	HdAL	3000
LdAL	−999	LdAL	−999	LdAL	−999
AHYS	2.0	AHYS	2.0	AHYS	2.0
AOP	4321	AOP	4321	AOP	4321
InP	21	InP	33	InP	34
dPt	0.0	dPt	0.00	dPt	0.0
SCL	0.0	SCL	0.00	SCL	0.0
SCH	100.0	SCH	10.00	SCH	200.0
Scb	0.0	Scb	0.00	Scb	0.0
FILt	1	FILt	1	FILt	6
Opt	4—20	Opt	4—20	Opt	4—20
bAud	9600	bAud	9600	bAud	9600

第三篇　精细化工实验

实验十　聚醋酸乙烯乳胶涂料的配制

一、实验目的与要求

1. 进一步熟悉自由基聚合反应的特点；
2. 了解乳液聚合机理及乳液聚合中各个组分的作用；
3. 了解乳胶涂料的特点，掌握配制方法。

二、实验原理

传统涂料（油漆）都要使用易挥发的有机溶剂，例如汽油、甲苯、二甲苯、酯、酮等，以帮助形成漆膜。这不仅浪费资源，污染环境，而且给生产和施工场所带来危险性，如火灾和爆炸。而乳胶涂料的出现是涂料工业的重大革新。它以水为分散介质，克服了使用有机溶剂的许多缺点，因而得到了迅速的发展。目前乳胶涂料广泛用作建筑涂料，并已进入工业涂装的领域。

通过乳液聚合得到聚合物乳液，其中聚合物以微胶粒的状态分散在水中。当涂刷在物体表面时，随着水分的挥发，微胶粒的状态分散在水中。当涂刷在物体表面时，随着水分的挥发，微胶粒互相挤压而形成连续而干燥的涂膜。这是乳胶涂料的基础。另外，还要配入颜料、填料以及各种助剂如成膜助剂、颜料分散剂、增稠剂、消泡剂等，经过高速搅拌、均质而成乳胶涂料。

乳液聚合是以水为分散介质，单体在乳化剂的作用下分散，并使用水溶性的引发剂引发单体聚合的方法，所生成的聚合物以微细的粒子状分散在水中的乳液。

乳化剂的选择对稳定的乳液聚合十分重要，起到降低溶液表面张力，使单体容易分散成小液滴，并在乳胶粒表面形成保护层，防止乳胶粒凝聚。常见的乳化剂分为阴离子型、阳离子型和非离子型三种，一般多采取离子型和非离子型配合使用。

聚醋酸乙烯乳胶涂料（polyvinyl acetate latex paint）为白色黏稠液体，可加入各色色浆配成不同颜色的涂料。主要用于建筑物的内外墙涂饰。该涂料以水为熔剂，所以具有完全无毒、施工方便的特点，易喷涂、刷涂和滚涂，干燥快、保色性好、透气性好，但光泽较差。市场上的"白乳胶"就是乳液聚合方法制备的聚醋酸乙烯酯乳液。乳液聚合通常在装备回流冷凝管的搅拌反应釜中进行：加入乳化剂、引发剂水溶液和单体后，一边进行搅拌，一边加热便可制得乳液。乳液聚合温度一般控制在 70℃—90℃ 之间，pH 值在 2—6 之间。由于醋酸乙烯酯聚合反应放热较大，反应温度上升显著，一次投料法要想获得高浓度的稳定乳液比较困难，故一般采用分批加入引发剂或者单体的方法。醋酸乙烯酯乳液聚合机理与一般乳液聚合机理相似，但是由于醋酸乙烯酯在水中有较高的溶解度，而且容易水解，产生的乙酸会干扰聚合；同时，醋酸乙烯酯自由基十分活泼，链转移反应显著。因此，除了乳化剂，醋酸乙烯酯乳液生产中一般还加入聚乙烯醇来保护胶体。

醋酸乙烯酯也可以与其他单体共聚合制备性能更优异的聚合物乳液，如与氯乙烯单体共聚合可改善聚氯乙烯的可塑性或改良其溶解性；与丙烯酸共聚合可改善乳液的黏接性能和耐碱性。

三、仪器和药品

四口烧瓶（250ml）、机械搅拌器、温度计（0℃—100℃）、球形冷凝管、滴液漏斗（100ml）、电炉、水浴锅、高速均质搅拌机、砂磨机、搪瓷或塑料杯、调漆刀、漆刷、水泥石棉样板。

醋酸乙烯酯、聚乙烯醇、乳化剂 OP－10、去离子水、过硫酸铵、碳酸氢钠、邻苯二甲酸二丁酯、六偏磷酸钠、丙二醇、钛白粉、碳酸钙、磷酸三丁酯。

四、实验内容

1. 聚醋酸乙烯酯乳液的合成

实验装置如图 3—1 所示：

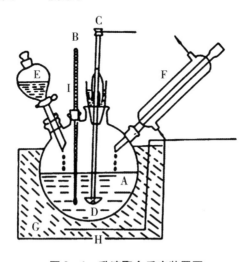

图 3—1 乳液聚合反应装置图

（A：四口瓶；B：温度计；C：搅拌马达；D：搅拌器；E：滴液漏斗；F：回流冷凝管（球形）；G：加热水浴；H：恒温槽）

①聚乙烯醇的溶解：在装有电动搅拌器、温度计、滴液漏斗和球形冷凝管的 250ml 三口烧瓶中加入 30ml 去离子水和 0.35g 乳化剂 OP - 10，搅拌，逐渐加入 2g 聚乙烯醇。加热升温，在 80℃—90℃保温 1 小时，直至聚乙烯醇全部溶解，冷却备用。

②将 0.2g 过硫酸铵溶于水中，配成 5℃的溶液。

③聚合：把 17g 蒸馏过的醋酸乙烯酯和 2ml5% 过硫酸铵水溶液加至上述三口烧瓶中。开动搅拌器，水浴加热，保持温度在 65℃—75℃。当回流基本消失时，温度自升至 80℃—83℃时用滴液漏斗在 2h 内缓慢地、按比例地滴加 23g 醋酸乙烯酯和余下的过硫酸铵水溶液，加料完毕后升温至 90℃—95℃，保温 30min 至无回流为止。冷却至 50℃，加入 3ml5% 碳酸氢钠水溶液，调整 pH 至 5—6。然后慢慢加入 3.4g 邻苯二甲酸二丁酯。搅拌冷却 1h，即得白色稠厚的乳液。

2. 聚醋酸乙烯乳胶涂料的配制

①涂料的配制：把 20g 去离子水、5g10% 六偏磷酸钠水溶液以及 2.5 克丙二醇加入搪瓷杯中，开动高速均质搅拌机，逐渐加入 18g 钛白粉、8g 滑石粉和 6g 碳酸钙，搅拌分散均匀后加入 0.3g 磷酸三丁酯，继续快速搅拌 10min，然后在慢速搅拌下加入 40g 聚醋酸乙烯酯乳液，直至搅匀为止，即得白色涂料。

②成品要求：

外观：白色稠厚流体。

固含量：50%。

干燥时间：25℃表干 10min，实干 24h。

③性能测定：1. 涂刷水泥石棉样板，观察干燥速度，测定白度、光泽，并作耐水性实验。制备好作耐湿擦性的样板，作耐湿擦性试验；

2. pH 值测定：以广泛 pH 试纸测定乳液 pH 值；

3. 固含量测定：在培养皿（预先称重 m0）中倒入 2g 左右的乳液并准确记录（m1），105℃ 烘箱内烘烤 2 小时，称量并计算干燥后的重量（m2），测其固体百分含量；

4. 黏度测试：以 NDJ－79 型旋转式黏度计测试乳液黏度。选用 ×1 号转子，测试温度 25℃。

五、注意事项

1. 聚乙烯醇溶解速度较慢，必须溶解完全，并保持原来的体积。如使用工业品聚乙烯醇，可能会有少量皮屑状不溶物悬浮于溶液中，可用粗孔铜丝网过滤除去。

2. 滴加单体的速度要均匀，防止加料太快发生爆聚冲料等事故。过硫酸铵水溶液数量少，注意均匀，按比例地与单体同时加完。

3. 搅拌速度要适当，升温不能过快。

4. 瓶装的试剂级醋酸乙烯酯需蒸馏后才能使用。

5. 在搅匀颜料、填充料时，若黏度太大难以操作，可适量加入乳液至能搅匀为止。

6. 最后加乳液时，必须控制搅拌速度，防止产生大量泡沫。

六、思考题

1. 聚乙烯醇在反应中起什么作用？为什么要与乳化剂 OP – 10 混合使用？

2. 为什么大部分的单体和过硫酸铵用逐步滴加的方式加入？

3. 过硫酸铵在反应中起什么作用？其用量过多或过少对反应有何影响？

4. 为什么反应结束后要用碳酸氢钠调整 pH 为 5—6？

5. 试说出配方中各种原料所起的作用。

6. 在搅拌颜料、填充料时为什么要高速均质搅拌？用普通搅拌器或手工搅拌对涂料性能有何影响？

附：聚醋酸乙烯乳胶涂料常用配方及色浆配方

表 3—1 聚醋酸乙烯乳胶涂料常用配方举例

物料名称	配方一 wt%	配方二 wt%	配方三 wt%	配方四 wt%
聚醋酸乙烯	42	36	30	26
钛白	26	10	7.5	20
锌钡白	—	18	7.5	—
碳酸钙	—	—	—	10
硫酸钡	—	—	15	—
滑石粉	8	8	5	—
瓷土	—	—	—	9
乙二醇	—	—	3	—
磷酸三丁酯	—	—	0.4	—
一缩乙二醇丁醚醋酸脂	—	—	—	2
羧甲基纤维素	0.1	0.1	0.17	—
羟乙基纤维素	—	—	—	0.3
聚甲基丙烯酸钠	0.08	0.08	—	—
六偏磷酸钠	0.15	0.15	0.2	0.1
五氯酚钠	—	0.1	0.2	0.3

物料名称	配方一 wt%	配方二 wt%	配方三 wt%	配方四 wt%
苯甲酸钠	—	—	0.17	—
亚硝酸钠	0.3	0.3	0.02	—
醋酸苯汞	0.1	—	—	—
水	23.27	27.27	30.84	32.3
基料∶颜料	1∶1.62	1∶2	1∶2.33	1∶3

配方一颜料用量较大而体质颜料用量较小，颜料中全部用金红石型钛白，乳液用量也较大，因此涂料的遮盖力强，耐洗刷性也好，用以一般要求较高的室内墙面涂装，也能作为一般的外用平光涂料使用。如果增加聚醋酸乙烯乳液的用量，能得到稍微有光的涂膜，但一般的聚醋酸乙烯乳液很难制得半光以上的涂膜。

配方二用部分锌钡白代替钛白，遮盖力比配方一要差一些，是稍微经济的一般室内平光墙涂料，耐洗刷性也差些。如钛白用金红石型的话，也仅能勉强用于室外要求不高的场合。

配方三颜料用量较低，体质颜料用量增加很多，乳液用量也少，所以遮盖力、耐洗刷性能都要差一些，是一种较为经济的室内用涂料。

配方四颜料的比例较大，主要是用于室内要求白度遮盖力较好，而对洗刷性要求不高的场合。

配方中所列举不同的助剂及不同用量，说明乳胶涂料在不同配方中可以使用不同品种的助剂，可根据不同的要求和生产成本等因素综合考虑。

乳胶涂料的生产一般可以用球磨机、快速平石磨、高速分散机等设备，如加入有效的消泡剂且配方恰当的话，也可以用砂磨机。先将分散剂、增稠剂的一部分或全部、防锈剂、消泡剂、防霉剂等溶解成水溶液和颜料、体质颜料一起加入球磨机或用上述其他设备研磨，使颜料分散到一定程度，然后在搅拌下加入聚醋酸乙烯乳液，搅拌均匀后再慢慢加入防冻剂、增稠剂的一部分和成膜助剂，最后加入氨水、氢氧化钾或氢氧化钠，调 pH 值至呈微碱性。

如果配制有色涂料，则在最后加入各色色浆配色，表3—2列出三种色浆的配方。色浆用的各种颜料必须先研磨分散得很好，否则在配色时不能得到均匀的色彩。如颜料分散不好，色浆加入乳胶涂料中后，用手指研磨颜色会变深，这种情况在将来施工涂刷时，涂刷次数多少或方向不同时会出现颜色不均一的情况。颜料分散不好，加入乳胶漆里在存贮过程中有时会产生凝聚现象，使涂料的颜色发生变化，影响乳胶涂料的贮藏稳定性。有机颜料所用的表面活性剂（润滑剂）有乳化剂 OP 等。将乳化剂 OP – 10 溶于水中，加入各色颜料后，在砂磨机研磨数次，至颜料分散至相当程度。在配方中可以加入部分乙二醇，在研磨时泡沫较易消失，而且色浆也不易干燥和冰冻。

表 3—2　色浆常用配方举例

	黄色浆	蓝色浆	绿色浆
耐晒黄	35	—	—
酞菁蓝	—	38	—
酞菁绿	—	—	37.5
乳化剂 OP – 10	14	11.4	15
水	51	50.6	47.5

大量的润滑剂加入乳胶涂料中会对涂膜的耐水性带来影响，但由于乳胶涂料绝大多数是白色和浅色的，如果上述有机颜料分散得很好的话，着色力也是相当好的。一般情况下色浆的用量都不会太多，对乳胶涂料耐水性带来的影响也不会很大。

实验十一　聚丙烯酸酯乳胶涂料的配制

一、实验目的与要求

1. 熟悉聚丙烯酸酯乳液的合成方法，进一步熟悉乳液聚合的原理；
2. 了解聚丙烯酸酯乳胶涂料的性质和用途；
3. 掌握聚丙烯酸酯乳胶涂料的配制方法。

二、实验原理

聚丙烯酸酯乳胶涂料（polyacrylate latex paint）为黏稠液体。其耐候性、保色性、耐水性、耐碱性等性能均比聚醋酸乙烯乳胶涂料好。聚丙烯酸酯乳胶涂料是主要的外用乳胶涂料。由于聚丙烯酸酯乳胶涂料有许多优点，所以近年来品种和产量增长很快。

聚丙烯酸酯乳液通常是指丙烯酸酯、甲基丙烯酸酯，有时也有用少量的丙烯酸或甲基丙烯酸等共聚的乳液。丙烯酸酯乳液比醋酸乙烯酯乳液有许多优点：对颜料的粘接能力强，耐水性、耐碱性、耐光性、耐候性均比较好，施工性能优良。在新的水泥或石灰表面上用聚丙烯酸酯乳胶涂料比用聚醋酸乙烯乳胶涂料好得多。因聚丙烯酸酯乳胶的涂膜遇碱皂化后生成的钙盐不溶于水，能保持涂膜的完整性。而醋酸乙烯乳液皂化后的产物是聚乙烯醇，是水溶性的，其局部水解的产物是高乙酰基聚乙烯醇，水溶性更大。

用于聚合的丙烯酸酯类单体分为黏性单体、内聚单体和官能单体三大类，表给出了常用丙烯酸酯类单体的玻璃化温度和物性指标。黏性单体又称为软单体，4—17 碳原子的、玻璃化温度较低的（甲基）丙烯酸烷基酯是常用的黏性单体，它的主要作用是比较柔软，有足够的冷流动性，易于润湿被粘物表面，能较快地填补黏附表面的参差不齐，具有较好的初粘力和剥离强度。玻璃化温度太低时聚合物太软，内聚性能不理想会影响应用性能，因此要用玻璃化温度较高的内聚单体与黏性单体共聚来提高内聚力，以获得较好的内聚强度和较高的使用温度，同时也改善耐水性、粘接强度和透明性。官能单体是指分子中含有羧基、羟基、环氧基、胺基或酰胺基官能基团的单体，官能单体的存在可以改善乳液对各种基材的黏附性能，如羧基化的丙烯酸乳液具有良好的稳定性和自增稠性，同是时官能基团的存在为交联提供了可能，通过自身交联和外加交联剂可得到交联的聚合物，大大提高内聚力，使内聚强度、耐油性、耐热性和耐老化性提高，但交联也降低了聚合物分子链的自由度，使剥离强度、初黏性下降，只有控制合理的交联密度才能获得性能优良的聚合物乳液。

表3—3 部分丙烯酸酯单体及玻璃化温度

单体类别	单体名称	Tg/°C	主要特征
黏性单体	丙烯酸乙酯（EA）	−22	臭味大
	丙烯酸丁酯（BA）	−55	黏性大
	丙烯酸异辛酯（2−EHA）	−70	黏性大
内聚单体	醋酸乙烯酯（VAc）	22	廉价，内聚力，易黄变
	丙烯腈（AN）	97	内聚力，有毒
	丙烯酰胺	165	内聚力
	苯乙烯（St）	80	内聚力，易黄变
	甲基丙烯酸甲酯（MMA）	105	内聚力
	丙烯酸甲酯	8	内聚力，有亲水性
功能单体	甲基丙烯酸	130	粘合力和交联点
	丙烯酸（AA）	106	粘合力和交联点
	丙烯酸羟乙酯	−60	交联点
	丙烯酸羟丙酯	−60	交联点
	甲基丙烯酸羟乙酯	86	交联点
	甲基丙烯酸羟丙酯	76	交联点
	甲基丙烯酸缩水甘油酯		可自交联
	马来酸酐		黏性和交联点
	N−羟甲基丙烯酰胺		自交联
	甲基丙烯酸三甲胺乙酯	13	交联点，可自乳化

　　溶剂型丙烯酸酯树脂可分为热塑性和热固性两大类。热塑性丙烯酸酯树脂涂料的成膜主要是通过溶剂的挥发，分子链相互缠绕形成的。因此，漆膜的性能主要取决于单体的选择、分子量大小和分布及共聚物组成的均匀性。漆膜的性能如光泽、硬度、柔韧性、附着力、耐腐蚀性、耐候性和耐磨性等都与上述因素有关。漆用热塑性丙烯酸酯树脂的分子量一般在30000—130000之间，共聚物组成的均一性主要是通过分批逐步增量投入反应速度快的单体来实现的。漆膜的硬度、柔韧性等机械性能又与其玻璃

化转变温度（T_g）有直接的关系，共聚物的 T_g 可由 Fox 公式近似计算。各种不同的丙烯酸酯单体都能共聚，也可以和其他单体（如苯乙烯和醋酸乙烯等）共聚。乳液聚合一般和前述醋酸乙烯乳液相仿，引发剂常用的也是过硫酸盐。如用氧化还原法（如过硫酸盐—重亚硫酸钠等），单体可分三四次分批加入。

表面活性剂也和聚醋酸乙烯相仿，可以用非离子型或阴离子型的乳化剂。操作也可采取逐步加入单体的方法，主要是为了使聚合时产生的大量热能很好地扩散，使反应能均匀进行。在共聚乳液中也必须用缓慢均匀地加入混合单体的方法，以保证共聚物的均匀。

常用的乳液单体配比可以是丙烯酸乙酯 65%、甲基丙烯酸甲酯 33%、甲基丙烯酸 2%，或者是丙烯酸丁酯 55%、苯乙烯 43%、甲基丙烯酸 2%。甲基丙烯酸甲酯或苯乙烯都是硬单体，用苯乙烯可降低成本；丙烯酸乙酯或丙烯酸丁酯两者都是软性单体，但丙烯酸丁酯要比丙烯酸乙酯用量少些。

在共聚乳液中，加入少量丙烯酸或甲基丙烯酸，对乳液的冻融稳定性有帮助。此外，在生产乳胶涂料时加氨或碱液中和也起增稠作用。但在和醋酸乙烯共聚时，如制备丙烯酸丁酯 49%、醋酸乙烯 49%、丙烯酸 2% 的碱增稠的乳液时，单体应分两个阶段加入，再第一阶段加入丙烯酸和丙烯酸丁酯，在第二阶段加入丙烯酸丁酯及醋酸乙烯，因为醋酸乙烯和丙烯酸共聚时有可能在反应中有酯交换发生，产生丙烯酸乙烯，它能起交联作用而使乳液的黏度不稳定。

聚丙烯酸酯乳胶涂料的配制和聚醋酸乙烯酯涂料一样，除了颜料意外要加入分散剂、增稠剂、消泡剂、防霉剂、防冻剂等助剂，所用品种也基本上和聚醋酸乙烯酯乳胶涂料一样。

聚丙烯酸酯乳胶涂料由于耐候性、保色性、耐水耐碱性都比聚醋酸乙烯酯乳胶涂料要好些，因此主要用作制造外用乳胶涂料。在外用时钛白就需选用金红石型，着色颜料也需选用氧化铁等耐光性较好的品种。

分散剂都用六偏磷酸钠和三聚磷酸盐等，也有介绍用羧基分散剂如二异丁烯顺丁烯二酸酐共聚物的钠盐。增稠剂除聚合时加入少量丙烯酸、甲基丙烯酸加碱中和后起一定增稠作用外，还加入羧甲基纤维素、羟乙基纤维素、羟丙基纤维素等作为增稠剂。消泡剂、防冻剂、防锈剂、防霉剂和聚醋酸乙烯酯乳胶涂料一样，但作为外用乳胶涂料，防霉剂的量要适当多一些。

对于溶剂型清漆的配方设计，溶剂的选择极为重要，良溶剂使体系的黏度降低，固含量增加，树脂及其涂料的成膜性能好，不良溶剂则相反。选择溶剂时主要取决于溶剂的成本，对树脂的溶解能力，挥发速度，可燃性和毒性等。成膜物质可以由一种或多种热塑性丙烯酸酯树脂组成，也可以与其他成膜物质合用来改进其性能，混溶性好而常用的有硝酸纤维素，醋酸丁酸纤维素，乙基纤维素，氯乙烯—醋酸乙烯树脂以及过氧乙烯树脂等，它们在配方中的比例，可根据产品技术要求选择。

热塑性丙烯酸酯清漆表现了丙烯酸酯树脂的特点，具有较好的色泽，耐大气，保光，保色等性能，在金属、建筑、塑料、电子和木材等的保护和装饰上起着越来越重要的作用。

三、主要仪器和药品

三口烧瓶（250ml）、电动搅拌器、温度计（0℃—100℃）、球形冷凝管、滴液漏斗（60ml）、电热套、烧杯（250ml、800ml）、水浴锅、点滴板。

丙烯酸丁酯、甲基丙烯酸甲酯、甲基丙烯酸、过硫酸铵、非离子表面活性剂、丙烯酸乙酯、亚硫酸氢钠、苯乙烯、丙烯酸、十二烷基硫酸钠、金红石型钛白粉、碳酸钙、云母粉、二异丁烯、顺丁烯二酸酐共聚物、烷基苯基聚米黄酸钠、环氧乙烷、羧甲基纤维素、羟乙基纤维素、消泡剂、防霉剂、乙二醇、松油醇、丙烯酸酯共聚入夜（50%）、碱溶丙烯酸共聚乳液（45%）、氨水、颜料。

四、实验内容

1. 聚丙烯酸酯乳液合成

介绍三个不同配方乳液的合成工艺（配方中各原料的量为质量分数）。

配方1：

成分	含量	成分	含量
丙烯酸丁酯	33	水	63
甲基丙烯酸甲酯	17	烷基苯聚醚硫黄酸钠	1.5
甲基丙烯酸	1	过硫酸铵	0.2

操作：乳化剂在水中溶解后加热升温到60℃，加入过硫酸铵和10%的单体，升温至70℃，如果没有显著的防热反应，逐步升温直至放热反应开始，待温度升至80℃—82℃，将余下的混合单体缓慢而均匀加入，约2h加完，控制回流温度，单体加完后，在30min内将温度升至97℃，保持30min，冷却，用氨水调Ph至8—9。

配方2：

	第一部分	第二部分
水	1000	
非离子型表面活性剂	31.6	35
丙烯酸乙酯	253	283
甲基丙烯酸甲酯	168	188
甲基丙烯酸	4	5
过硫酸铵	0.5	0.6
亚硫酸氢钠	0.6	0.8

操作：将第一部分（除引发剂外）混合在一起，冷却至15℃，将引发剂溶于少量水中分别加入，加热升温在15min左右升至65℃，恒温5min，冷却到15℃—20℃后加第二部分混合单体和第二部分引发剂，再升温至65℃，维持1h，再冷却至30℃以下，用氨水调节pH值至9.5。实验时按配方的1/10加入。

配方3：

成分	含量	成分	含量
苯乙烯	25	丙烯酸丁酯	25
丙烯酸	1	水	50
过硫酸铵	0.2	十二烷基硫酸钠	0.25
烷基酚聚氧乙烯醚	1.0		

操作：用烧杯将表面活性剂溶解在水中加入单体，在强力的搅拌下，使之乳化成均匀的乳化液，取1/6乳化液放入三口烧瓶中，加入引发剂的

1/2，慢慢升温至放热反应开始，将温度控制在 70℃—75℃ 之间，慢慢连续地加入乳化液，并每小时补加部分引发剂控制热量平衡，使温度和回流速度保持稳定，加完单体后升温至 95℃—97℃，恒温 30min，或抽真空除去为反应的单体，冷却，用氨水调 Ph 至 8—9。

　　上述三个配方介绍了三个不同的操作方法，这是几个典型的例子，可变的地方是很多的。配方 1 和配方 2 用甲基丙烯酸甲酯为硬单体，而分别用丙烯酸乙酯和丙烯酸丁酯为塑性单体，丙烯酸乙酯的用量比丙烯酸丁酯大些。配方 3 用苯乙烯硬性单体代替甲基丙烯酸甲酯，价格可便宜很多，基本上也能达到外用乳胶漆的要求。也可以采用其他不同的单体，调整其配比来达到相近的质量要求。

　　操作工艺也不同。配方 2 的工艺不用连续加单体方法，而用两步或三步分批加单体的方法，虽有优点，但操作控制比较困难些。通常用氧化还原法在较低的温度反应。配方 3 用单体和乳化剂水溶液乳化，再通过连续加乳化液的方法进行乳液聚合，这样乳液的颗粒度比较均匀，但增加一道先乳化的工序。

　　配方的原则与聚醋酸乙烯酯乳胶涂料相同，钛白的用量视对遮盖力高低的要求来变动，内用的考虑白度遮盖力多些，颜料含量高些；外用的要考虑耐候性，乳液的用量相对要大些。在木材表面，要考虑木材木纹温度不同时胀缩很厉害，因此颜料含量要低些，多用些乳液。

五、注意事项

1. 乳液配制时要严格控制温度和反应时间。

2. 加入单体时要缓慢滴加，否则会产生暴聚而使合成失败。

3. 乳液的 pH 值一定要控制好，否则乳液不稳定。

4. 涂料的配方与聚醋酸乙烯酯乳胶涂料相仿。所不同的是碱溶丙烯酸酯共聚乳液必须用少量水冲淡后加氨水调 pH 至 8—9，才能溶于水中。可在磨颜料浆时作为分散剂一起加入。

六、思考题

1. 聚丙烯酸酯乳胶涂料有哪些优点？主要应用于哪些方面？

2. 影响乳液稳定的因素有哪些？如何控制？

附：聚丙烯酸酯乳胶涂料常用配方及色浆配方

表3—4　聚丙烯酸酯乳胶涂料常用配方及色浆配方举例

	底漆腻子	内用面漆	水泥表面用漆	水器底漆
金红石型钛白	7.5	36	20	15
碳酸钙	20	10	20	16.5
云母粉				2.5
二异丁烯顺丁烯二酸酐共聚物	0.8	1.2	0.7	0.8
烷基苯基聚环氧乙烷	0.2	0.2	0.2	0.2
羟乙基纤维				0.2
羧甲基纤维素			0.2	
消泡剂	0.2	0.5	0.3	0.2
防霉剂	0.1	0.1	0.8	0.2
乙二醇		1.2	2.0	2.0
松油醇				0.3
丙烯酸酯共聚乳液（50%）	34	24	40	40
碱溶丙烯酸酯共聚乳液（45%）	2.8	1.5		
水	34.4	25.3	15.8	22.1
氨水调 pH 至	8—9	8—9	8—9	9.4—9.7
基料：颜料	1：1.5	1：2	1：3.6	1：1.7

实验十二　化学卷发液的配制及测定

一、实验目的与要求

1. 了解烫发原理；
2. 掌握卷发液原料巯基乙酸胺的制备原理、方法和定性鉴定；
3. 了解化学卷发液配方中各成分的作用；
4. 初步掌握化学卷发液中各成分的分析方法。

二、实验原理

头发主要成分是角蛋白，约占95%。氨基酸决定了头发卷曲的特性。氨基酸中的肽链由各种键联结而成，它有盐键、氢键、肽键、双硫键及范德华力五种连接形式。

盐键也称离子键，酸性或碱性物质能将此键打开。肽键是蛋白质结构的基本键合，在化学物质或碱性物质于长时间蒸汽作用下可以引起此键断开。氢键是存在于多肽键间从一个羰基至亚氨基上的一种连接，它可被水的作用而断开，这也是头发在水中能够膨胀软化的原因，烫发、卷发时水的作用能使头发保留弹性变形，头发干后可以恢复到原先状态。范德华力的连接是分子间引力作用的连接，引力小，一般可忽略不计。

双硫键是胱氨酸中的特定结构，在多肽链间起交联加固结构的作用。化学烫发、卷发主要是使头发结构中的双硫键断开，胱氨酸被还原成半胱氨酸结构，头发从刚韧状态变成软化状态，并随着卷发棒而变形（物理作用），卷曲后的头发如果不进一步处理，很容易恢复原状，所以还要用定型液使头发保持卷曲状。定型液中主要成分是氧化剂，经过一定时间的氧化作用，相互错开的两个半胱氨酸又可重新交叉键合起来，组成新的双硫键胱氨酸结构，头发恢复刚韧性，并保持卷曲状态。

从以上机理可以看出，化学烫发包括卷曲和定型两个过程，所以冷烫液也有卷发剂和定型剂两种。卷曲剂主要成分是还原剂，打开二硫键；定型剂主要成分是氧化剂，修补打开的二硫键，使其恢复头发的刚韧性，固定设计的发型。卷曲和定型这两个相反的过程并不是完全可逆的，即发生断裂的过程中二硫键不可能完全复原，在烫发过程中，二硫键的数目会减少，也会有硫元素的损失，这些都会给头发带来损伤。开发高效安全的烫发化妆品，在美化头发的同时，又可尽量减少对头发的伤害，是当前化妆品的发展趋势。

①目前卷发剂常用的原料

还原剂：打开双硫键，使头发从刚韧状态变成软化状态。常用的是巯基乙酸及其盐类，如巯基乙酸铵、巯基乙酸钠，也可用其他巯基化合物，如巯基乙酰铵、巯基乙酸酯、巯基乙酸肼和 2—亚氨基噻吩烷等。巯基乙酸及其盐类是化妆品中的限用成分，冷烫精中的最大允许浓度为 8%（一般直发和卷发产品）；11%（专业直发卷发产品）。

碱性物质：还原剂在碱性条件下，还原作用效力增强。当还原剂的种类和用量一定时，随 PH 值增大，毛发的膨润度增大，容易卷曲成型，但 PH 过高会卷曲过强和损伤头发，通常卷发剂的 PH 在 8.5—9.3 之间。配方中常用的碱类物质有氨水、单乙醇胺、三乙醇胺、碳酸氢铵、氢氧化钠

（钾）、碳酸钠（钾）等，但多用氨水和三乙醇胺。氨水为碱剂的卷发效果好，在卷发过程中，由于氨容易挥发，相对可以减少对头发的碱性作用，缺点是气味难闻。乙醇胺作碱剂没有氨臭味，卷曲力强，对头发皮肤的渗透性好，缺点是对皮肤刺激性大，PH 值高时易过剩残留。

滋润剂：为了使烫过的头发柔韧，有光泽，使头发不致卷曲过度而受到损伤，常在配方中添加一些滋润剂如：羊毛脂及其衍生物、油醇、蓖麻油、肉豆蔻酸异丙酯、水解胶原和硅油。

软化剂：其作用是促使头发软化膨胀，促进冷烫剂进入发质，加速卷发过程。常用的有烷基硫酸钠（K_{12}）、三乙醇胺。

乳化剂：当产品形态为冷烫乳液或冷烫膏时，需加入乳化剂，常选用非离子表面活性剂如 AEO、Span 和 Tween。

增稠剂：其作用是增加产品的黏度，使在烫发过程中有效成分不会流失。常用的有羟甲纤维素（CMC）、聚乙二醇（PEG）和汉生胶等。

调整剂：在配方中加入阳离子表面活性剂和阳离子纤维素聚合物，可以改善头发的梳理性，增加头发光泽。

螯合剂：配方中的还原剂在碱性条件下，遇到残留的金属离子会加速氧化，影响到卷发的效果，常在卷发剂中添加乙二胺四乙酸盐（EDTA）、焦磷酸四钠和巯基乙酸等金属离子螯合剂，用于防止还原剂的氧化。

②定型剂（中和剂）原料

氧化剂：氧化剂是定型剂的主要成分，作用是重排和键合被还原剂打断的二硫键，使卷曲的头发进一步定型。常用的氧化剂有过氧化氢、溴酸钠及硼酸钠等。

PH 调节剂：由于氧化反应需要在酸性条件下进行，在配方中加入柠檬酸、乙酸、乳酸、磷酸、酒石酸和乙二酸四乙酸调节 PH 值。

常用的卷发剂原料是巯基乙酸胺。巯基乙酸胺在碱性条件下经过一定时间使头发膨胀，被卷曲成任何形状，反应过程大致如下：

$$Cy—S—S—Cy + 2RSH \rightarrow Cy—SH + RSSR$$

$$或 \ Cy—S—S—Cy + 2HSCH_2COONH_4 \rightarrow 2Cy—SH + S—CH_2CONH_4$$

角朊巯基乙酸胺半胱氨酸双硫代乙酸胺

$$S—CH_2CONH_4$$

该过程是还原过程，待头发成型后可用氧化剂或借助于空气中的氧使半胱氨酸再氧化成原来的聚肽链物质即角朊纤维。

由于巯基乙酸是二元酸，其中有 COOH 和 SH 基，这样在碱性条件下更能表现出其"强酸性"，使其充分发挥还原作用。冷烫效果受 pH 值为 7 时效果不好，太高则损伤头发，根据经验 pH 值一般控制在 9.0—9.5 左右。为了提高冷烫效果，可在卷发剂中添加一些辅助原料如表面活性剂、中和剂、香精、色素等，使卷发剂与头发之间的亲和力增大，接触均匀，减少用量，减轻对头皮的刺激，增加美感，提高卷发效果。

三、主要仪器和药品

烧杯（200、500ml）、锥形瓶（300ml）、碘量瓶（500ml）、移液管（10、25、500ml）、容量瓶（100ml）、碱式滴定管（50ml）、电动搅拌器、滴定台、电热套、量筒（10、100ml）。

巯基乙酸（98%）、氨水（28%）、乌洛托品、三乙醇胺、甘油、香精、亚硫酸钠、盐酸（1:3）、硫代硫酸钠标准液（0.1000mol·l^{-1}）、碘标准液（0.1000mol·l^{-1}）、氢氧化钠标准液（0.1000mol·l^{-1}）、精密 pH 试纸。

四、实验内容

卷发液的配制：按下表配方量取或称取药品。

在 200ml 烧杯中按配方量可加入巯基乙酸，在搅拌下逐滴滴加氨水，用 pH 试纸不断检查反应液的 pH 值，使其达到 9.0—9.5，然后加水和其他药品，搅拌均匀，静置 2h，装瓶即为成品。

表 3—5　化学卷发液参考配方

药品名称	1	2	3	4	5	6
巯基乙酸（98%）	8.0	8.5	6.0		1.5	
巯基乙酸铵（60%）				7.5		0.2
十二烷基苯磺酸钠（30%）	1.5	1.5	1.0			
亚硫酸钠	1.5	2.4	0.5			
甘油	3.0	4.7	1.0			
乌洛托品		4.7				
尿素	1.5					

续表

药品名称	1	2	3	4	5	6
硼砂			0.5			
三乙醇胺					0.5	
氨水（25%—28%）	17.5	15.0	11.2	pH9.0—9.5		
失水山梨醇月桂酸酯					20.0	
巯基甘油乙酸酯					20.0	
亚硫酸氢钾						0.8
酒石酸						0.03
乙醇						1.0
单乙醇胺						0.03
碘化钾						0.6
香精	适量	适量	适量	适量	适量	适量
去离子水	余量	余量	余量	余量	余量	余量

卷发液的测试：

（1）卷曲效果的测试

将一束头发洗净，均匀涂抹冷烫精后缠绕在玻璃棒上，用塑料膜包裹置冷烫帽中，20min 后取出，用冷水洗净，吹干后量卷曲程度。

（2）巯基乙酸铵百分含量的测定（反滴定法）

用移液管吸取 50ml0.1000mol·l^{-1}标准 I_2 液于 500ml 碘量瓶中，加入 5ml 1:3 的盐酸，取 0.7—1.5g 试液，精确至 0.0001g，放入上述碘量瓶中，用已标定的 0.1mol·l^{-1}的 $Na_2S_2O_3$ 溶液滴定，待溶液颜色变浅，加入 5ml 淀粉溶液，滴定至无色，即为终点。

按统一方法进行空白试验，用 $Na_2S_2O_3$ 滴定至终点。

$$巯基乙酸铵含量 = \frac{(A-B) \cdot c}{G \times 1000} \times 109.176 \times 100\%$$

式中　A——空白液消耗的 $Na_2S_2O_3$ 体积，ml；

　　　B——试液所消耗的 $Na_2S_2O_3$ 体积，ml；

　　　c——$Na_2S_2O_3$ 标准溶液的浓度，mol·l^{-1}

　　　G——卷发液试验的质量，g

109.176——巯基乙酸铵的物质的量。

（3）游离氨含量的测定

用移液管取 10ml 卷发液加入 100ml 容量瓶中，用去离子水稀释至刻度，混匀，用移液管取其 10ml 于 300ml 锥形瓶中，加 50ml 去离子水，准确加入 25ml0. 1mol·l⁻¹硫酸标准液，加热至沸，冷却后加入 2—3 滴溴甲酚绿—甲基红混合指示剂，用 0. 1mol·l⁻¹氢氧化钠标准液滴定至溶液由变绿即为终点。

游离氨含量（g·ml⁻¹）－（250c1－Vc2）×0. 01703

式中　c1——硫酸标准溶液浓度，mol·l⁻¹；

　　　c2——氢氧化钠标准溶液浓度，mol·l⁻¹；

　　　V——消耗的氢氧化钠体积，ml

　　　0. 01703——与 1ml 硫酸标准溶液相当的游离氨的质量。

五、注意事项

1. 搅拌方式的确定。

2. 卷发剂的安全性器皿要采用搪瓷、塑料和玻璃等材料。防止贮存期药效下降，通常使溶液成为巯基乙酸铵、钠盐的混合液，这样不易挥发，溶液能维持碱性。烫发过程中，巯基乙酸的挥发，对烫发者危害不大，但长期聚集在空气中，对理发师不利，因此创造适当的防护条件是必要的。

六、思考题

1. 简述烫发机理并写出相关化学方程式？

2. 化学卷发液的主要成分是什么，各起到什么作用？

实验十三　山尖子中具有杀虫活性物质的发现及动态分析

一、实验目的与要求

1. 掌握天然产物提取分离方法；

2. 了解杀虫活性测试的方法；

3. 掌握高效液相色谱分析技术。

二、实验原理

2015 年，联合国粮农组织统计发现病虫害问题造成的农产品损失高达 14%。化学农药是保障粮食生产的重要农业物资，在传统农业生产中占有重要地位。然而，由于自身存在的污染性强等不可避免的缺陷，在现代农业生产中人们倾向于开发新型农药。与传统化学农药相比，植物源农药具有选择性高、低毒、易降解、不易产生抗性等优点，成为当今新农药创制的一个热点。

菊科（Compositae）植物山尖子（*Parasenecio hastatus*）具有开发植物源农药的潜力。山尖子为蟹甲草属植物（*Parasenecio*），分布于我国黑龙江、吉林，辽宁、河北、山东，山西和内蒙古等省区。朝鲜、蒙古和苏联（远东地区）也有。山尖子在秋季被用来作为杀虫植物。采集后火烧用来熏蚊虫、悬挂于牲畜栏里驱赶苍蝇蚊虫等，或将山尖子水煮之后，喷洒于农作物上用来驱除红蜘蛛等农业害虫。山尖子中含有大量的蟹甲草酚类（Cacal-ol）化合物，文献研究表明这类化合物具有多样的杀虫活性。化合物 Cacalol 能够抑制 *Cylindrotoma distinctissima* 的生长发育，还对 *Arianta arbustorum* 有很强的拒食活性；化合物 Cacalol acetate 能够减少 *Spodoptera littoralis* 的生物量增长，还对 *Leptinotarsa decemlineata* 有拒食活性，化合物 Cacalol methyl ether 也能够减少 *S. Littorali* 的生物量增长以及对 *Myzus persicae* 有很强的拒食活性。其他 cacalol 的衍生物也显示了对 *L. decemlineata* 的拒食活性。杀虫活性机理机制研究表明 cacalol 及它的衍生物之所以具有杀虫活性可能是由于这种化合物能够抑制 ATP 的合成和抑制脂质过氧化作用。

目前国内外对山尖子化学成分研究较少。本实验小组选取其作为研究对象，拟从山尖子中寻找具有杀虫活性的物质，为进一步合理开发利用山尖子植物资源提供参考。

1. 天然产物溶剂提取法

溶剂提取法是出现较早、使用普遍的一种经典提取方法。根据山尖子中预期目标成分倍半萜类化合物的极性、溶解度及其他理化特征，依照相似相溶的原理，选用 95% 的乙醇作为溶剂，对经适当粉碎后的原材料进行浸泡，通过溶剂的扩散、渗透作用，使倍半萜类化合物穿过植物细胞壁进入溶剂中，并对此溶剂进行浓缩，获得含有倍半萜类成分的浸膏。

此外，本实验选用了对环境和人有较小危害的乙醇作为溶剂，能在充分提取倍半萜类成分的同时达到绿色环保的目的。实验还使用超声波辅助提取，以加快提取速率。

2. 核磁共振波谱法

核磁共振波谱法是表征、分析和鉴定有机化合物结构的最有效手段之一，在天然产物化学研究中占有重要地位。化合物分子在磁场中受电磁波的辐射，有磁矩的原子核吸收一定的能量产生能级的跃迁，即发生核磁共振，产生 FID 信号（被激发的原子发射出的信号），信号被接收、放大、传递，再以吸收峰的频率对吸收强度作图，转化成相应的图谱，如氢谱、碳谱等。它能提供分子中有关氢及碳原子的类型、数目、互相连接方式、周围化学环境、构型、构象等结构信息。

^{1}H 核因周围化学环境不同，其外围电子云密度及绕核旋转产生的磁屏蔽效应不同。因此，不同类型的^{1}H 核共振信号出现在不同区域，具有不同的化学位移、偶合常数及质子数。

实验采用核磁共振氢谱作为选择性提取分离的监测手段，依据目标成分倍半萜类化合物的^{1}H – NMR 谱学特征，以^{1}H – NMR 谱图监控、指导从山尖子中寻找和得到倍半萜类化合物，并运用多种核磁共振技术对分离得到的倍半萜类化合物进行结构解析。

3. 色谱分离方法

色谱分离方法是一种非常重要和普遍使用的分离方法，广泛运用于萜类化合物的分离和纯化中。主要是基于不同物质在两相（固定相和流动相）中具有不同的分配系数（或吸附系数或渗透性等），当两相做相对运动时，物质在两相中进行多次反复分配而实现分离。

柱色谱是一种常用的分离效能高、快速简便的色谱分离方法，可以用来分离大多数有机化合物，尤其适合于复杂的天然产物分离。分离萜类化合物时，多用吸附柱色谱，常用的吸附剂为硅胶，洗脱剂一般为非极性有机溶剂，或选用混合溶剂梯度洗脱。凝胶柱色谱法是利用分子筛的原理来分离分子量不同的化合物，各组分按分子量递减顺序依次被洗脱下来，应用较多的是能在有机相使用的 Sephadex LH – 20，它除了具有分子筛特性外，在由极性和非极性溶剂组成的混合溶剂中常常起到反向分配色谱的效果。

实验采用多种色谱组合的方法，对山尖子中萜类化合物进行分离。

4. 拒食活性测试

常见的杀虫作用方式包括胃毒、触杀、熏蒸、光活化、拒食。拒食作用指药剂通过抑制昆虫味觉感受器，影响害虫对嗜好食物的识别，使其找不到食物或憎恶食物，定向离开，直至饥饿死亡的作用方式。引起害虫拒食作用的机理是通过对害虫的化学感觉器和对中枢神经系统双重作用的结果。

本实验采用点滴法测试拒食活性，用待测物丙酮溶液处理过的菜心叶圆片喂养小菜蛾，并设置空白对照，24h 后，取出叶片并记录面积，实验组和空白对照组减少叶片的面积比越小，拒食率越大，待测物的杀虫活性越好。根据下列公式计算拒食率。当拒食率为 50% 时，所用待测物的浓度，即为该物质的 AFC_{50} 值。

$$拒食率(\%) = [(CK - T)/CK] \times 100 \qquad (3—1)$$

式中：CK ——对照组叶片被取食面积；

T ——实验组叶片被取食面积；

5. 紫外可见分光光度计定量分析

紫外可见分光光度计主要由辐射源、单色器、试样容器、检测器和显示装置等部分组成。具有灵敏度高、选择性好、准确度高、使用浓度范围广、分析成本低、操作简便、快速、应用广泛等特点。紫外可见分光光度法的定量分析基础是朗伯—比尔（Lambert – Beer）定律，即物质在一定浓度的吸光度与它的吸收介质的厚度呈正比。数学表示式如下：

$$A = abc \qquad (3—2)$$

式中：A ——吸光度；

A ——摩尔吸光系数；

B ——吸收介质的厚度；

C ——吸光物质的浓度；

实验采用校准曲线法，通过配制一系列不同含量的标准溶液，选用适宜的参比，在相同的条件下，测定系列标准溶液的吸光度，作 A – c 曲线，即标准曲线，用最小二乘法处理后，得线性回归方程。在相同条件下测定未知试样的吸光度，从标准曲线上找到与之对应的未知试样的浓度。

6. 高效液相色谱仪定量分析

HPLC 基于液液分配色谱机制，根据样品各组分在不相溶的两相间分配系数的不同从而实现分离。实验采用甲醇—水作为流动相，梯度洗脱待测样液。由于同一物质，在同一色谱条件下，在色谱柱中的保留值是一定的，所以，出峰的时间也是一定的（仅适用于标准比较法），因此可以利用保留时间进行定性。此外，在一定条件下，被测组分的浓度与检测器给出的响应信号（如峰面积、峰高）成正比。可以利用响应信号的进行定量。表达式如下：

$$试样浓度 = (标准峰面积/试样峰面积) * 标准溶液浓度 \quad (3—3)$$

三、实验试剂、材料和仪器

材料：山尖子全草，采自东北，经中央民族大学武海波老师鉴定为山尖子（*Parasenecio hastatus.*）；小菜蛾（中央民族大学生命与环境科学学院养虫室），卷心白，硅胶板 GF254（25×75mm，0.2-0.25mm，青岛海洋化工有限公司），柱色谱硅胶（100—200 目、200—300 目）（青岛海洋化工有限公司）。

试剂：正己烷，丙酮，95%乙醇，氯仿（$CHCl_3$），甲醇（CH_3OH），氘代氯仿（$CDCl_3$），氘代甲醇（CD_3OH），无水乙醇、冰乙酸、香草醛、浓硫酸均为分析纯，由北京化工厂生产；化合物 2 对照品（自制），甲醇（色谱纯，北京汇科同创科学仪器有限公司），超纯水。

仪器：KQ5200DV 型数控超声波清洗器（昆山市超声仪器有限公司），SY-5000 旋转蒸发仪（济南赛畅科学仪器公司），AVANCE 600MH 超导核磁共振波谱仪（瑞士布鲁克公司），MZX-3 低温冷却水循环泵（北京精锐泽祥实验仪器有限公司），MZX-D 循环水式真空泵（北京精锐泽祥实验仪器有限公司），YB-250 型高速多功能粉碎机（永康市速锋工贸有限公司），JASCO V-550 紫外分光光度仪（日本分光株式会社），金坛荣华 HH-2 数显恒温水浴锅（江苏省金坛市荣华仪器制造有限公司），LRH-250-SH 恒温恒湿培养箱（广东省韶关市泰宏医疗器械有限公司），LC-20A 高效液相色谱仪（日本岛津），BSA 224S 型分析天平（北京 sartorius 公司），50μL 微量进样器 0.7 平头（北京华仪三谱仪器有限责任公司）。

四、实验操作

1. 制备山尖子浸膏：将干燥的山尖子全草（1.0Kg）用粉碎机打碎，加入95%乙醇作为提取溶剂，料液比（1:60），55℃下超声提取 1h，重复提取 3次，合并提取液。最后将所得提取液移至旋转蒸发仪上，减压蒸馏至提取液出现油状物，晾干溶剂，即得黑绿色黏稠状的山尖子乙醇粗提物（23.6g）。

2. NMR 指导分离纯化：根据浸膏的薄层层析的结果，确定选择石油醚：丙酮为洗脱体系（15：1—1：1 共七个梯度）进行柱层析分离。洗脱剂用旋转蒸发仪进行减压浓缩，共分离得到七个极性段粗提取。取适量不同中间极性段的粗提物，采用羟丙基葡聚糖凝胶（Sephadex LH－20）柱色谱进行初步分离。湿法装柱、湿法上样，选取氯仿—甲醇（1：1）为洗脱液进行洗脱。对所接馏分进行薄层色谱（TLC）检识，合并得到多个馏分。将所得的馏分静置放干后，取部分进行¹H NMR 测试。根据¹H－NMR 测试结果，选取含有蟹甲草酚类倍半萜的 Fr 2、Fr 4 馏分进行进一步分离（在脂肪区，化学位移 2.2 左右存在单峰甲基信号；在芳香区，化学位移 7.5 左右存在三取代呋喃环特征信号）。挥干 Fr 2 馏分溶剂，以湿法上样法进行硅胶柱色谱层析，TLC 选择正己烷—丙酮为洗脱剂，进行梯度洗脱（5：1→3：1→2：1→1：1）。根据薄层检识，合并洗脱液，得到纯品化合物 1（5.1mg），将余下馏分使用正己烷—乙酸乙酯（4：1）体系一直洗脱，得到化合物 2（11.6mg）。

同理从 Fr 4 馏分中分离得到化合物 3、4、5；将得到的纯品化合物用做 NMR 一维、二维谱图测试，并根据其波谱特征和其他物理常数及文献对比确定化学结构。

具体实验步骤：

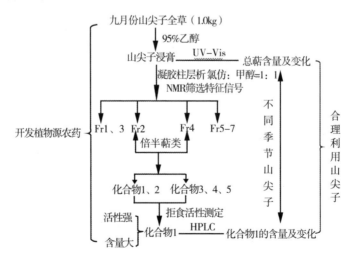

图 3—2　实验流程图

具体实验流程：

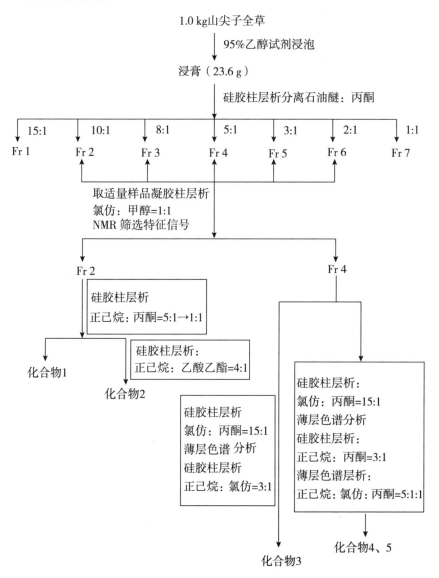

图3—3　流动相梯度洗脱程序

3. 拒食活性测定

①供试品溶液的配制分别精密称取分离得到的五种化合物各 3.9mg 于

10.0mL 容量瓶中，用丙酮溶液溶解并定容，摇匀。

②测定方法参照载毒叶片法，稍作改进。将甘蓝的菜心叶片用打孔器制成 D = 1.0cm 的菜心圆叶片，将不同浓度的供试品丙酮溶液滴加到圆叶片上，自然阴干 30min，制成含 5.0、12.5、25.0、50.0、100.0μg/cm² 待测样的载毒叶片。将处理好的圆叶片交错放入垫有湿润滤纸的培养皿中，每个表面皿放入 10 片叶片，并接入小菜蛾 3 龄幼虫 10 头。实验设置空白对照（以不含待测样的丙酮溶液处理叶圆片）和三组平行实验。24h 后，取出被取食叶圆片，用坐标纸测定各叶片被取食面积，按公式（3—1）计算拒食率。

4. 不同季节山尖子总萜含量分析

①对照品溶液制备精密称取化合物 2（1.5mg），置于 1.0mL 容量瓶中，加无水乙醇定容至刻度，即得 1.5mg/mL 的对照品储备液。

②供试品溶液制备分别提取 5 月、7 月、9 月的山尖子全草提取液 0.6mL，置于 10mL 容量瓶中，加 5% 香草醛—冰醋酸溶液 0.5mL，摇匀，再加入 60% 硫酸溶液 5.0mL，用无水乙醇定容至刻度。摇匀，置 70℃ 恒温水浴锅内保温 60min，取出，冷却至室温，即得供试品溶液。

③测定波长的选择照紫外—可见分光光度法（中国药典 2015 年版一部附录 VA），对照品溶液经紫外—可见波长扫描，于 215nm 处有最大吸收峰，故确定 215nm 为测定波长。

④化合物 2 标准曲线绘制用吸量管分别量取对照品储备液 0.00，0.20，0.40，0.60，0.80，1.00mL，置于 10.0mL 容量瓶中，加 5% 香草醛—冰醋酸溶液 0.5mL，摇匀，再加入 60% 硫酸溶液 5.0mL，用无水乙醇定容至刻度。摇匀，置 70℃ 恒温水浴锅内保温 60min，取出，冷却至室温。以无水乙醇为空白，在 215nm 的波长处测定吸光度，以吸光度（A）为纵坐标，化合物 2 浓度（C）为横坐标，绘制标准曲线。

⑤精密度试验按照 2.2 的方法制备供试品溶液，215nm 测定吸光度，连续测定 3 次，计算其吸光度。

5. 不同季节化合物 2 含量分析

①色谱条件　YMC C₁₈色谱柱（4.6mm/250mm，5μm），流动相甲醇—水，检测波长 215nm，流速 0.8mL/min，柱温 30℃，进样量 20μL，流动相梯度洗脱程序见下表。

t/min	甲醇/%	水/%
0 – 10	35 – 80	65 – 20
10 – 15	80	20
15 – 35	80 – 90	20 – 10

②对照品溶液的配制精密称取化合物 2 （2.9mg） 于 25.0mL 容量瓶中，加无水乙醇溶解并稀释至刻度，摇匀，即得化合物 2 为 0.116mg/L 的对照品溶液。

③供试品溶液的配制分别精密称取山尖子五月、七月、九月乙醇提取物 55.8mg，64.3mg，65.9mg 于 25.0mL 容量瓶中，加无水乙醇稀释至刻度，摇匀，用微孔滤膜 （0.45μm） 滤过，取续滤液，即得。

④测定方法分别精密吸取对照品溶液和供试品溶液各 20μL，注入液相色谱仪，测定，记下不同季节的山尖子待测液中相同保留时间下的峰面积，并计算相应浓度。计算公式如下：

$$试样浓度 = \frac{标准峰面积}{试样峰面积} \times 标准溶液浓度 \qquad (3—4)$$

⑤仪器精密度精密吸取对照品溶液 20μL，按上述色谱条件下连续进样 5 次，测定其峰面积的 RSD。

五、实验注意事项

1. 装柱时，硅胶最好一次倾入，否则由于不同粒度大小的硅胶沉降速度不一，使硅胶有明显的分段现象，影响分离效果。

2. 色谱柱填装紧密与否，直接影响分离效果，若柱中留有气泡或部分松紧不均甚至有断层或暗沟，会影响渗滤速度和色谱带的均一性；若填装时过分敲击，又会因太紧密使流速太慢。

3. 加样后，在柱顶表面加脱脂棉或滤纸，是为防止加流动相时吸附剂冲起来而影响分离效果。

4. 在柱色谱实验中，整个过程都应保持在液面以下。这是因为当柱中流动相低于吸附剂时，将会使柱体干裂，严重影响色谱的分离效果。

5. 用注射器吸样时，不能有气泡。

6. 吸收池每换一种溶液或溶剂必须清洗干净，并用被测溶液或参比液荡洗三次。

7. UV 和 HPLC 所用试剂均应为光谱纯或经提纯处理。

六、思考题

1. 用作高效液相色谱流动相的溶剂使用前为什么要脱气？

2. HPLC 定性和定量分析的依据是什么？

3. 外标法 UV 定量的优点及实验中应注意哪些事项？

4. 根据分离所得的色谱图，解释不同组分之间分离差别的原因。

5. 分析 HPLC 及 UV 动态分析所得结果的相关性。

实验十四　植物总黄酮的提取分离

一、实验目的与要求

1. 进一步熟悉黄酮类化合物物理化学性质；

2. 探讨植物总黄酮的提取及鉴别方法。

二、实验原理

超声波提取是利用超声波具有的机械效应、空化效应和热效应，通过增大介质分子的运动速度、增大介质的穿透力以提取生物有效成分。

1. 机械效应：超声波在介质中的传播可以使介质质点在其传播空间内产生振动，从而强化介质的扩散、传播，这就是超声波的机械效应。超声波在传播过程中产生一种辐射压强，沿声波方向传播，对物料有很强的破坏作用，可使细胞组织变形，植物蛋白质变性。同时，它还可以给予介质和悬浮体以不同的加速度，且介质分子的运动速度远大于悬浮体分子的运动速度。从而在两者间产生摩擦，这种摩擦力可使生物分子解聚，使细胞壁上的有效成分更快地溶解于溶剂之中。

2. 空化效应：通常情况下，介质内部或多或少地溶解了一些微气泡，这些气泡在超声波的作用下产生振动，当声压达到一定值时，气泡由于定向扩散（rectieddiffvsion）而增大，形成共振腔，然后突然闭合，这就是超声波的空化效应。这种气泡在闭合时会在其周围产生几千个大气压的压力，形成微激波，它可造成植物细胞壁及整个生物体破裂，而且整个破裂过程在瞬间完成，有利于有效成分的溶出。

3. 热效应：和其他物理波一样，超声波在介质中的传播过程也是一个能量的传播和扩散过程，即超声波在介质的传播过程中，其声能不断被介质的质点吸收，介质将所吸收的能量全部或大部分转变成热能，从而导致介质本身和药材组织温度的升高，增大了药物有效成分的溶解速度。由于这种吸收声能引起的药物组织内部温度的升高是瞬间的，因此可以使被提取的成分的生物活性保持不变。

超声波提取的优点：

1. 提取效率高：超声波独具的物理特性能促使植物细胞组织破壁或变形，使中药有效成分提取更充分，提取率比传统工艺显著提高50%—500%；

2. 提取时间短：超声波强化中药提取通常在24—40分钟即可获得最佳提取率，提取时间较传统方法大大缩短2/3以上，药材原材料处理量大；

3. 提取温度低：超声提取中药材的最佳温度在40℃—60℃，对遇热不稳定、易水解或氧化的药材中有效成分具有保护作用，同时大大节省能耗；

4. 适应性广：超声提取中药材不受成分极性、分子量大小的限制，适用于绝大多数种类中药材和各类成分的提取；

5. 提取药液杂质少，有效成分易于分离、纯化；

6. 提取工艺运行成本低，综合经济效益显著；

7. 操作简单易行，设备维护、保养方便。

采用超声波乙醇浸提法从植物材料中提取黄酮类物质，并用分光光度法测定含量。利用超声波产生的强烈振动、高的加速度、强烈的空化效应、搅拌作用等，可加速植物材料中的有效成分进入溶剂，从而增加有效成分的提取率，缩短提取时间，并且还可避免高温对提取成分的影响。

三、实验仪器和材料

原料：金银花、黄芩、银杏叶、枇杷叶等。

试剂：95%乙醇 AR；无水乙醇 AR；亚硝酸钠 AR；硝酸铝 AR；氢氧

化钠 AR；芦丁标准品、蒸馏水。

其他：滤纸、吸管、容量瓶、漏斗、试管。

超声波清洗器（超声工作频率40kHz）；紫外可见分光光度计；抽滤机；电炉子；水浴锅。

四、实验操作

（一）试剂配制

a. 硝酸铝（10%）：称取20g硝酸铝溶于蒸馏水中，定容至200mL，混匀，贴标签备用。

b. 亚硝酸钠（5%）：称取10g亚硝酸钠溶于蒸馏水中，定容至200mL，混匀，贴标签备用。

c. 芦丁标准溶液（2mg/ml）：称取芦丁2g于1000mL容量瓶中，加蒸馏水溶解并定容至刻度，混匀，贴标签备用。

d. 乙醇溶液（60%）：600ml无水乙醇，溶于蒸馏水，定容至1000ml容量瓶中，混匀，贴标签备用。

e. 氢氧化钠溶液（4%）：40g氢氧化钠溶于水，定容至1000ml容量瓶中，混匀，贴标签备用。

（二）总黄酮成分提取

取干燥植物材料（黄芩、银杏叶、香樟叶），粉碎。称取约5g，加80ml 95%乙醇，浸泡20min，超声波提取30min，抽滤。滤渣再加80ml 95%乙醇，浸泡20min，再次超声波提取30min，抽滤，合并两次滤液，减压回收（水浴加热）乙醇至滤液仅剩5—7ml为止，放置100ml容量瓶中，用60%乙醇稀释至刻度，得样品液。

（三）定量实验—总黄酮的含量测定

1. 波长的选择

取样品液适量，在0.30ml 5%亚硝酸钠溶液存在的碱性条件下，经硝酸铝显色后，以试剂为空白参比液在420—700nm波长范围测定络合物的吸光度，络合物于510nm波长处有最大吸收，故测定时选用此波长。

2. 标准曲线的绘制

分别精密吸取芦丁对照液（2mg/ml）0.00，0.50，1.00，2.00，3.00，4.00，5.00mL 于 10mL 容量瓶中，分别加入 5% 亚硝酸钠溶液 0.40ml，摇匀，静置 6min；再加 10% 硝酸铝溶液 0.40mL，摇匀，静置 6min；再加 4% 氢氧化钠溶液 4.00mL，用 60% 乙醇稀释至刻度，摇匀，静置 15min，以试剂作空白参比液，于 510nm 处测定吸光度。

管号	1	2	3	4	5	6	7
芦丁	0.00	0.50	1.00	2.00	3.00	4.00	5.00
亚硝酸钠	0.40	0.40	0.40	0.40	0.40	0.40	0.40
硝酸铝	0.40	0.40	0.40	0.40	0.40	0.40	0.40
氢氧化钠	4.00	4.00	4.00	4.00	4.00	4.00	4.00
60% 乙醇	5.20	4.70	4.20	3.20	2.20	1.20	0.20
浓度	0.00	0.10	0.20	0.40	0.60	0.80	1.00

3. 提取物含量的测定

精密吸取样品液 1mL，置 10mL 容量瓶，按标准曲线的制备方法，测定其吸光度 A，用标准曲线法计算样品中总黄酮的含量（mg/mL）。

管号	1	黄芩 1	黄芩 2	银杏 1	银杏 2	香樟 1	香樟 2
样品液	0.00	1.00	1.00	1.00	1.00	1.00	1.00
亚硝酸钠	0.40	0.40	0.40	0.40	0.40	0.40	0.40
硝酸铝	0.40	0.40	0.40	0.40	0.40	0.40	0.40
氢氧化钠	4.00	4.00	4.00	4.00	4.00	4.00	4.00
60% 乙醇	5.20	4.20	4.20	4.20	4.20	4.20	4.20

五、实验注意事项

1. 超声时间和超声功率的选择。

2. 标准曲线的绘制。

六、思考题

1. 黄酮类化合物的生理作用有哪些?

2. 在本实验中，哪些因素会影响测定结果?

第四篇　附　录

附录一　化工设备常用管子、管件、阀门及其说明

绝大多数管路由管子、管件及阀门所构成，这些部件是气体和液体输送时的主要设备。这里简单地介绍常用管子、管件及阀门的名称、特点及使用场合。

一、常用管子的种类及用途

1. 铸铁管

铸铁管价格低廉，耐腐蚀性比钢强，但是笨重，强度较差，常用作地下的给水总管、煤气管及污水管等，不宜用作有毒气体或爆炸性气体输送管，也不宜作为高温蒸气管。

2. 普通（碳）钢管

此类管是目前化工厂应用最广泛的一种管子。根据制造方法不同，又分为焊接钢管和无缝钢管。

（1）焊接钢管

焊接钢管又叫水煤气管，因为它常用于水、暖气、煤气、压缩空气及真空管路，也可以输送其他无腐蚀性、不易燃烧的流体。根据承受压力大小的不同，有普通级［极限工作压力为 1.013×10^6 Pa（表压）］和加强级［极限工作压力为 1.621×10^6 Pa（表压）］两种。根据是否镀锌，又分为"镀锌钢管"和俗称"黑铁管"的无镀锌钢管。它们的供应长度一般为 4—9m，公称直径在 50.8mm 以下的这种管子常采用螺纹连接，管子两头

车有螺纹。水煤气管的品种规格可参看有关资料。公称直径也叫名义直径，不是管子的真实内径或外径。通常极限工作压力是对 0—120℃温度范围而言的。如果温度升高，所能承受的极限工作压力将相应降低。例如121—300℃时，极限工作压力只有 0—120℃时的 80%，301—400℃时，只有 0—120℃时的 64%。

（2）无缝钢管

无缝钢管又分为冷拔管及热轧管两种，多用于高压、高温（435℃以下）和无腐蚀性的流体输送。其规格用外径×壁厚表示，例如 $\phi40 \times 3.5$，单位为 mm。

（3）合金钢管

主要用于温度极高（可达 950℃）的场合或腐蚀性强烈的流体的输送。合金钢管种类很多，以镍铬不锈钢应用最为广泛。

（4）紫铜管与黄铜管

这类管性软，重量较轻，导热性好，低温下冲击韧性高，宜作热交换器管子及低温下使用的管子（但不能输送氨、二氧化碳等）。黄铜管可以处理海水，紫铜管常用于传递有压力的液体（作压力传递管）。

（5）铅管

铅管性软，易于锻制、焊接，机械强度差，能抗硫酸以及 10% 以下盐酸的腐蚀，最高允许温度为 140℃，多用于硫酸工业。

（6）铝管

铝管能耐酸腐蚀，但不能耐碱腐蚀，多用于输送浓硝酸、蚁酸、醋酸等。

（7）陶瓷管

陶瓷管能耐酸碱，但性脆、强度低、不耐压，多用作腐蚀性污水的管道。

（8）塑料管

塑料管种类很多，总的特点是质轻，抗蚀性好，加工容易，可任意弯曲或延伸，但耐热性及耐寒性都比较差，耐压性也不够好，可用于低压下常温酸碱液的输送。但是，随着性能的改善，塑料管有取代金属管的可能。

二、常用管件的种类及用途

管件主要用来连接管子，最基本的管件种类如图4—1所示。其中：

1. 用来改变流向的管件：90°弯头，45°弯头、回弯头。

2. 用来接支管的管件：三通管、十字管。

3. 用来改变管径的管件：异径管（大小头）、管衬（内外牙）。

4. 用来堵塞管路的管件：管帽、管塞。

5. 用来延长管路的管件：内牙管、法兰、活管接。

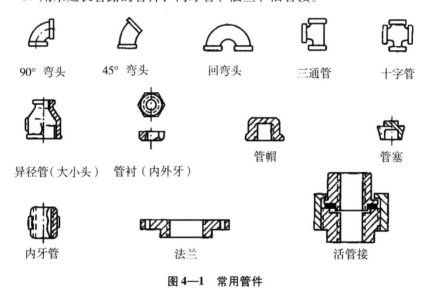

| 90° 弯头 | 45° 弯头 | 回弯头 | 三通管 | 十字管 |

异径管（大小头）　管衬（内外牙）　　　　管帽　　　　　管塞

内牙管　　　　　法兰　　　　　　　活管接

图4—1　常用管件

三、常用阀门的种类及用途

阀门是启闭或调节管内流量的部件，其种类繁多，最基本的有下列几种：

1. 旋塞阀门

如图4—2所示，其主要部分为一可转动的圆锥形旋塞，旋塞中有孔道，当旋转至一定角度时，孔道与管路联通，流体经孔道而过，若再转90°，管路即完全停止。

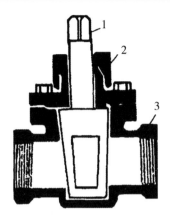

图4—2　旋塞阀门

1—阀杆（带锥形塞）；2—填料；3—阀体

这种阀门因为构造简单，启闭迅速，流体阻力小，因此可用于气体及悬浮液的输送。但因为其不能精确调节流量，故多于全开、全关的场合。此外，还因为旋塞的边较直、旋转比较困难（如果太斜又易被冲出），故多用于小直径的管路中。

2. 球心阀

球心阀结构如图4—3所示，其主要部分为盘塞与盘座，盘塞可通过手轮使之上下移动。当盘塞与盘座分开时，管流即通；盘塞与盘座接触后，管流停止。

这种阀门构造比较复杂，流体阻力较大，但严密可靠，可较精确地控制流量，常用于蒸气、压缩空气与真空管路，也可用于液体管路。但不宜用于悬浮液管路，因为颗粒会堵塞通道，磨损盘座，使阀门关闭不严。

如果将盘座孔径缩小，配以针状盘塞，即成"节流阀"，它能准确地控制流量，多作为高压气体管路的调节阀。

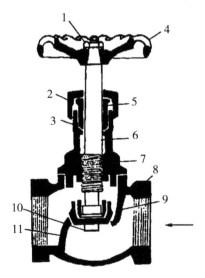

图4—3　球心阀结构

1—手轮螺母；2—填函盖螺母；
3—填料；4—手轮；5—填函盖；
6—阀杆；7—阀盖；8—阀体；
9—盘座；10—阀盘螺母；
11—阀盘

3. 闸门阀

闸门阀结构如图4—4所示，其主要
部分为一闸门，通过闸门升降以启闭管路。这种
闸门全开时流体阻力小，全闭时又较严密，故多
用于大型管路中作启闭阀，不大用于流量调节，
但在小管路中也有用它作为调节阀的。

4. 止逆阀（单向阀）

止逆阀是一种根据阀前、阀后的压力差而自
动启闭的阀门。它的作用是使介质只做一定方向
的流动，而阻止其逆向流动。

根据阀门结构的不同，止逆阀可分为升降式
和摇板式两种，如图4—5所示。升降板式止逆阀
的阀体与球心阀相似，但阀瓣上有导杆，可以在
阀座的导向套管内自由升降。当介质自左向右流
动时，能推开阀盘而流动；流动方向相反时，则
阀盘下降，截断通路。安装升降式止逆阀时，应
水平安装，以保证阀盘升降灵活且工作可靠。

摇板式止逆阀是利用摇板来启闭的。安装时，注意介质的流向，只要

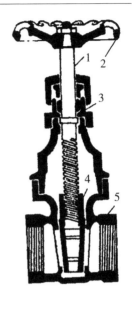

图4—4 闸门阀结构
1—阀杆；2—手轮；
3—填料；4—楔形闸板；
5—阀体

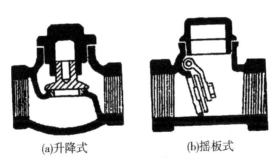

(a)升降式   (b)摇板式

图4—5 止逆阀

保证摇板的旋转轴呈水平，即可装在水平或垂直的管道上。

四、管子的连接

管子常用的连接方法有以下3种：

1. 螺纹连接

小直径管如水管、煤气管常用这种连接法，一般需要借助于内牙管。若要考虑拆装方便，还需要加接活管接。当管径大于 50.8mm 时，不宜采用活管接，而应采用法兰连接。

2. 插套连接

多用于铸铁管、水泥管和陶瓷管。

3. 焊接连接

即将管子直接焊接，但在需要装卸之处也可装上法兰（法兰则焊于管上）。这种连接方式简单、便宜、牢固且严密，多用于无缝钢管、有色金属管等。

附录二　化工实验常用测量仪器

一、温度计

1. 热电偶温度计

是由两根不同的导体或半导体材料焊接或铰接而成闭合回路，如图 4—6 所示。热电偶由毫伏测量仪表以及连接热电偶和测量仪表的导线（铜线—补偿导线）所组成。

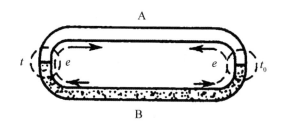

图4—6　热电偶回路

T 为工作端（测量端或热端），T_0 为自由端（参比端或冷端）。若热电偶两端所处的温度不同，则在热电偶的回路中便会产生热电势 E。如果保持 T_0（冷端温度）不变，则热电势 E 只与 T（热端温度）有关。换言之，在热电偶材料已定的情况下，热电势 E 只是被测温度 T 的函数，测得 E 的数值后，便可知被测温度。

$$E_{AB}(T, T_0) = f(T) - f(T_0) \tag{4—1}$$

若 T_0 保持不变，则与

$$E_{AB}(T, T_0) = f(T) - C = \varphi(T) \tag{4—2}$$

与热电偶配套的显示仪表：动圈表和电位差计是第一代仪表（指针式），数字毫伏表则属于第二代仪表（数字式），温度变送器（智能温度显示仪表）是近年来随着计算机技术发展而出现的智能仪表。显示仪表要求输入量为毫伏信号，因此当热电偶测温时，它与仪表的测量线路可以直接相连，而不需附加变换装置。

2. 热电阻温度计

热电阻温度计是利用随着温度变化，测温元件的电阻值发生变化，通过检测电阻值的大小来测定温度的。在工业生产中，在 – 120—500℃ 范围内的温度测量常常使用热电阻温度计。在特殊情况下，热电阻温度计测量温度的下限可达 – 270℃，上限可达 1000℃。

热电阻温度计的突出优点是：

测量精度高。630℃ 以下的温度利用铂电阻温度计作为基准温度计。

灵敏度高。在 500℃ 以下用电阻温度计测量较之用热电偶测量时信号大，因而容易测量准确。

纯金属和大多数合金的电阻率随温度升高而增加，即具有正的温度系数。在一定温度范围内，电阻—温度关系是线性的。若已知金属导体在温度 0℃ 时的电阻为 R_0，则温度 t 时的电阻为

$$R = R_0 + \alpha R_0 t \tag{4—3}$$

式中，α 为平均电阻温度系数。

各种金属具有不同的平均电阻温度系数，只有具有较大平均电阻温度系数的金属才有可能作为测温用热电阻。最佳和最常用的热电阻温度计材料是纯铂，其测温范围为 – 200—500℃。铜丝电阻温度计有一定的应用范围，其测温范围为 – 150—180℃。

二、流量计

1. 节流式流量计

（1）基本原理

式（4—4）利用流体流经节流装置是产生压力差而实现流量测定的。它通常是由能将被测流量转换成压力差信号的节流件（如孔板、喷嘴等）和测量压力差的压差计组成。

从伯努利方程式可以推导出节流式流量计测量不可压缩流体流量的基本公式

$$q_V = C_0 A_0 \sqrt{\frac{2\,(p_1 - p_2)}{\rho}} \qquad (4—4)$$

式中 q_v——流体体积流量，m^3/s；

C_0——孔流系数，是用实验的方法测定的系数，对于标准节流件可以从相关表中查出孔流系数；

A_0——节流孔开孔面积，m^2；

ρ——介质密度，kg/m^3；

p_1，p_2——节流件前后取位点压强，Pa。

标准的节流装置由标准节流元件、标准取压装置和节流件前后测量管三部分组成，目前国家标准已规定的标准节流装置有：角接取压标准孔板，法兰取压标准孔板，径距取压标准孔板，角接取压的标准喷嘴（ISA1932喷嘴），径距取压长径喷嘴，文丘里喷嘴，古典文丘里管。

按照标准规定设计、制作的节流式流量计，制成后可直接使用而无需标定。通过压差测量仪表测定压差后，根据流量公式和国家标准中的流量系数即可算出流量值。

（2）常用标准节流元件

①孔板。标准孔板结构如图4—7所示。它是一个带圆孔的板，圆孔与管道同心。A_1、A_2分别为上下游端面，δ_1为孔板厚度，δ_2为孔板开孔厚度，d为孔径，α为斜面角，G、H和I为上下游开孔边缘。标准孔板的特点是结构简单，易加工，造价低，但能量损失比较大。加工孔板时应注意进口边沿必须锐利、光滑，特别是G、H和I处要尖锐，否则将影响测量精度。孔板材料一般为不锈钢、铜或硬铝。对于在测量过程中易使节流装

置变脏、磨损和变形的脏污或腐蚀性介质不宜使用孔板。

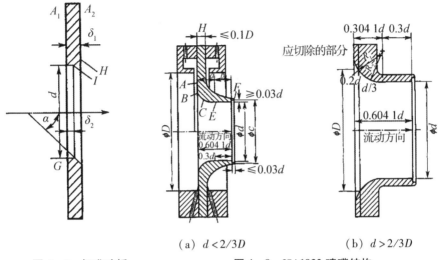

（a） $d < 2/3D$ （b） $d > 2/3D$

图4—7 标准孔板   **图4—8 ISA1932 喷嘴结构**

②喷嘴。属于标准节流装置的喷嘴有 ISA1932 喷嘴和长径喷嘴两种。ISA1932 喷嘴的结构如图4—8 所示。它是由入口平面 A，收缩部 BC、圆筒形喉部 E 及防止边缘损伤的保护槽 F 组成的。喷嘴测量精度高，加工困难，腐蚀性，脏污性被测介质对测量精度影响不大，能量损失小于孔板。

③文丘里管。文丘里管列入标准有两种：古典文丘里管（简称文丘里管）和文丘里喷嘴。

文丘里管的结构如图4—9 所示。它是由入口圆筒 A、圆锥形收缩段 B、圆筒形喉部 C 和圆锥形扩散段 E 所组成，在 A、C 段上分别开有取压孔。其特点是：制造工艺复杂，价格贵，但能量损失最小。

入口圆筒段A   圆锥收缩段B   圆锥形喉部C   圆锥形扩散段E

连接平面

图4—9 古典文丘里管结构

文丘里喷嘴结构如图 4—10 所示，由入口圆筒段、收缩段、圆筒形喉部及扩散段所组成，基本上是 ISA1932 喷嘴加上扩散段。根据扩散段长度不同分为不截尾的扩散段（长管形）和截尾的扩散段（短管形）两种。

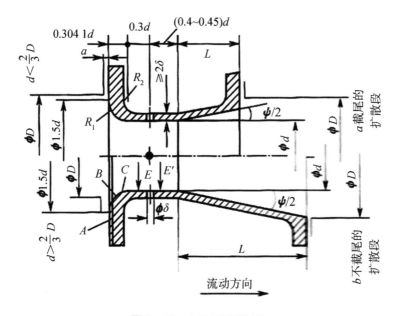

图 4—10　文丘里喷嘴结构

（3）标准节流装置的使用原则

①在允许压力损失较小时，可采用喷嘴、文丘里管和文丘里喷嘴。

②在测量某些容易使节流装置污染、磨损和变形的脏污及腐蚀性介质的流量时，采用喷嘴较孔板好。

③在流量和压差值都相等的条件下，喷嘴的开孔截面比值较孔板的小，在这种情况下，喷嘴有较高的测量精度，而且所需的直管段长度也较短。

④在加工制造和安装方面，孔板最简单，喷嘴次之，文丘里管和文丘里喷嘴最为复杂，造价也与此相似。管径越大，这种差别越明显。

2. 转子流量计

转子流量计通过改变流通面积的方法来测量流量。转子流量计具有结构简单、价格便宜、刻度均匀、直观、量程比（仪器测量范围上限与下限之比）大、使用方便、能量损失较少等特点，特别适合于小流量测量。若选择适当的锥形管和转子材料还可以测量有腐蚀性流体的流量，所以它在化工实验和生产中被广泛采用。转子流量计测量基本误差约为刻度最大值的 ±0.2% 左右。

（1）结构形式

转子流量计的具体结构形式见图 4—11。

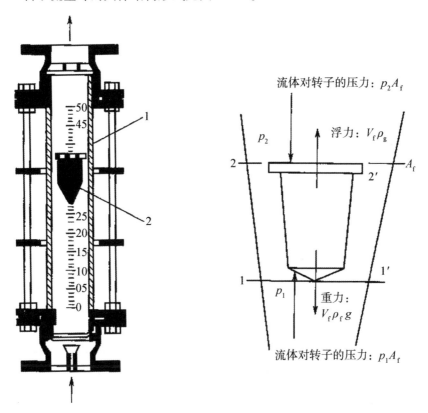

图 4—11　转子流量计示意图

1—锥形管　2—转子

（2）转子流量计基本方程及其应用

转子流量计的流量方程为

$$q_V = \left[\alpha \sqrt{\frac{2g}{\rho} \times \frac{V_f (\rho_f - \rho)}{A_f}} \right] A_0 \qquad (4—5)$$

上式表明流量 q_V 为转子最大截图处环形通道面积 A_0 的函数；q_V—A_0 关系与被测流体的密度 ρ、转子材料和尺寸（ρ_f、A_f、V_f）、流量系数 α 有关。因为使用了锥形管，所以环形通道面积 A_0 随高度而变。

下面是流量基本方程在几个方面的应用：

①转子流量计的流量与流量读数的关系，是用水（对于液体）或空气（对于气体），在 20℃、1 标准大气压的条件（标准状况）下标定的。即一般生产厂家用密度 $\rho_{液标}=998.2kg/m^3$ 的水和密度 $\rho_{气标}=1.205kg/m^3$ 的空气标定的。若被测液体介质密度 $\rho_{液}\neq\rho_{液标}$，被测气体介质密度 $\rho_{气}\neq\rho_{气标}$ 时，必须对流量标定值 $q_{V液标}$ 或 $q_{V气标}$ 按下式进行修正，才能得到测量条件下的实际流量值 $q_{V液}$ 或 $q_{V气}$。

对于液体

$$q_{V液}=q_{V液标}\sqrt{\frac{\rho_f-\rho_{液}}{\rho_f-\rho_{液标}}\times\frac{\rho_{液标}}{\rho_{液}}} \qquad (4—6)$$

对于气体

$$q_{V气}=q_{V气标}\sqrt{\frac{\rho_f-\rho_{气}}{\rho_f-\rho_{气标}}\times\frac{\rho_{气标}}{\rho_{气}}}\approx q_{V气标}\sqrt{\frac{\rho_{气标}}{\rho_{气}}} \qquad (4—7)$$

②需要改量程时，一般采用另一材料制作转子，维持其形状和尺寸不变。设被更换转子前后的流量分别为 q_V、q_V'，转子密度分别为 ρ_f、ρ'_f，则 q_V' 可由下式求出

$$q_V'=q_V\sqrt{\frac{(\rho'_f-\rho)}{(\rho_f-\rho)}} \qquad (4—8)$$

③改变量程的第二种方法是将实心转子掏空或向空心转子内加填充物，在转子形状不变的前提下来改变转子质量 M_f。由流量基本方程知转子质量改变后的流量 q_V' 与改变前的流量 q_V 遵循下式

$$q_V'=q_V\sqrt{\frac{V'_f(\rho'_f-\rho)}{V_f(\rho_f-\rho)}}=q_V\sqrt{\frac{M'_f-V'_f\rho}{M_f-V_f\rho}} \qquad (4—9)$$

式中 M'_f、V'_f——分别为改变前后的转子质量和转子体积。若 V'_f 不同于原有体积 V_f，则应重新对流量计进行标定。

（3）使用转子流量计的一些问题

①安装必须垂直

②转子对沾污比较敏感。如果沾附有污垢则转子质量 M_f、环形通道的

截面积 A_f 会发生变化，有时还可能出现转子不能上下垂直浮动的情况，从而引起测量误差。

③调节或控制流量不宜采用速开闸门（如电磁阀等），否则，迅速开启闸门，转子就会冲到顶部，因骤然受阻失去平衡而将玻璃管撞破或将玻璃转子撞碎。

④搬动时应将转子卡住，特别是对于大口径转子流量计更应如此。因为在搬动中，玻璃锥管常会被金属转子撞破。

⑤被测流体温度若高于70℃时，应在流量计外侧安装保护罩，以防玻璃管因溅有冷水而骤冷破裂。

3. 涡轮流量计

涡轮流量计为速度式流量计，是在动量矩守恒原理的基础上设计的。涡轮叶片因流动流体冲击而旋转，旋转速度随流量的变化而改变。通过适当的装置，将涡轮转速转换成电脉冲信号。通过测量脉冲频率，或用适当的装置将电脉冲转换成电压或电流输出，最终测取流量。

涡轮流量计的优点：

测量精度高。精度可以达0.5级以上，在狭小的范围内甚至可达0.1%，故可作为校验1.5—2.5级普通流量计的标准计量仪表。

对被测信号的变化反应快。被测介质为水时，涡轮流量计的时间常数一般只有几毫秒到几十毫秒，故特别适用于对脉动流量的测量。

（1）结构和工作原理

如图4—12所示，涡轮流量传感器的主要组成部分有前、后导流器，涡轮和支承，磁电转换器（包括永久磁和感应线圈），前置放大器。

导流器由导向环（片）及导向座组成。流体在进入涡轮前先经导流器导流，以避免流体的自旋改变流体与涡轮叶片的作用角度，保证仪表的精度。导流器装有摩擦很小的轴承，用以支承涡轮。轴承的合理选用对延长仪表的使用寿命至关重要。涡轮由导磁的不锈钢制成，装有数片螺旋形叶片。当导磁性叶片旋转时，便周期性地改变磁电系统的磁阻值，使通过涡轮上方线圈的磁通量发生周期变化，因而在线圈内感应出脉冲电信号。在一定流量范围内，导磁性叶片旋转的速度与被测流体的流量成正比，因此通过脉冲电信号频率的大小得到被测流体的流量。

（2）涡轮流量计的特性

涡轮流量计的特性曲线有两种表示方法：

①脉冲信号的频率（f）与体积流量（q_V）曲线；

②仪表常数（ε）与体积流量（q_V）曲线，仪表常数 ε 为每升流体通过时输出的电脉冲数（脉冲数/L），即

$$q_V = \frac{f}{\xi} \tag{4—10}$$

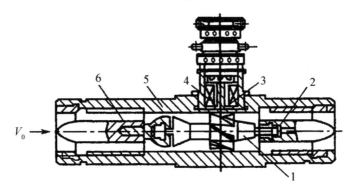

图4—12 涡轮流量计传感器的结构

1—涡轮；2—支承；3—永久磁铁；4—感应线圈；5—壳体；6—导流器

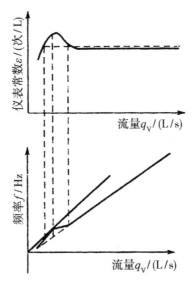

图4—13 涡轮流量计的特性曲线

从涡轮流量计的特性曲线图4—13可以看出：流量很小的流体通过流量计时，涡轮并不转动，只有当流量大于某一最小值，才能克服起动摩擦力矩的影响。当流量大于某一数值后，频率f与流量q_V才近似为线性关系，应该认为这是变送器测量范围的下限。由于轴承寿命和压力损失等条件的限制，涡轮的转速也不能太大，所以测量范围上限也有限制。

介质黏度的变化，对涡轮流量计的特性影响很大。一般是随着介质黏度的增大测量范围的下限提高，上限降低。出厂涡轮流量计的特性曲线和测量范围是用常温水标定的。当被测介质的运动黏度大于$5 \times 10^{-6} \mathrm{m}^2/\mathrm{s}$时，黏度的影响不能忽略。此时，如欲维持较高的测量精度，必须提高使用范围的下限，缩小量程比。若需得到较确切的数据，则可用被测实际流体对仪表重新标定。

流体密度大小，对涡轮流量计特性的影响也很大。一是影响仪表的灵敏限，通常是密度大，灵敏限小，所以涡轮流量计对大密度流体的感度较好。二是影响仪表常数ε的值。三是影响测量范围的下限，通常是密度大者，测量范围的下限低。被测介质是气体时，压力大的条件下涡轮流量计测量范围下限低，是因为气体压力的影响造成流体密度改变。

（3）涡轮流量计的使用技术问题

①必须了解被测流体的物理性质、腐蚀性和清洁程度，以便选用合适的涡轮流量计的轴承材料和类型。

②涡轮流量计的一般工作点最好在仪表测量范围上限数值的50%以上，这样，流量稍有波动，不致使工作点移到特性曲线下限以外的区域。

③应了解介质密度和黏度及其变化情况，考虑是否有必要对流量计的特性进行修正。

④由于涡轮流量计出厂时是在水平安装情况下标定的，所以应用时必须水平安装，否则会引起仪表常数发生变化。

⑤为了确保叶轮正常工作，流体必须清洁，切勿使污物、铁屑、棉纱等进入流量计。因此需在流量计前加装滤网，网孔大小一般为300孔/cm^2，特殊情况下可选用400孔/cm^2。这一问题不容忽视，否则将导致测量精度下降、数据重现性差、使用寿命缩短、叶轮不能自如转动，甚至出现被卡住和被损坏等不良后果。

⑥因为流场变化时会使流体旋转，改变流体和涡轮叶片的作用角度，

此时，即使流量稳定，涡轮的转数也会改变，所以为了保证变送器性能稳定，除了在其内部设置导流器之外，还必须在变送器前、后分别留出长度为管径 15 倍和 5 倍以上的直管段。实验前，若再在变送器钱装设流束导直器或整流器，变送器的精度和重现性将会更加提高。

⑦被测流体的流动方向须与变送器所标箭头方向一致。

⑧感应线圈绝不要轻易转动或移动，否则会引起很大的测量误差，一定要动时，事后必须重新校验。

⑨轴承损坏是涡轮运转不好的常见原因之一。轴承和轴的间隙应等于 $(2—3) \times 10^{-2}$ mm，太大时应更换轴承。更换后对流量计必须重新校验。

三、压差式液位计

1. 吹气法压力式液位测量

吹气法液位测量原理见图 4—14。

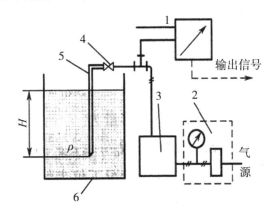

图 4—14　吹气法液位测量原理图

1—压力变送器　2—过滤器减压阀　3—稳压和流量调整组件

4—切断阀　5—吹气管　6—被测对象

空气经过滤、减压后经针形阀节流，通过转子流量计到达吹气切断阀入口，同时经三通进入压力变送器，而稳压器稳住转子流量计两端的压力，使空气压力稍微高于被测液柱的压力，而缓缓均匀地冒出气泡，这时测得的压力几乎接近液位的压力，其测量公式如式（4—4）。

此方法适用于开口容器中黏稠或腐蚀介质的液位测量，方法简便可靠，应用广泛。

2. 差压法液位测量

差压法液位测量原理见图4—15。

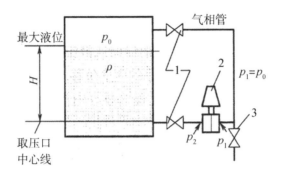

图4—15　差压液位计测量原理图
1—切断阀　2—差压仪表　3—气相管排液阀

测得压差

$$\Delta p = p_2 - p_1 = H\rho g \text{ 或 } H = \frac{\Delta p}{\rho g}$$ （4—11）

式中　Δp—测得压差；

ρ—介质密度；

H—液位高度。

通常被测液体的密度是已知的，压差变送器测得的压差与液位高度成正比，应用式（4—11）就可以算出液位的高度。

四、测功器

1. 马达—天平测功器

马达—天平测功器是常用的测功方法之一，具有使用可靠且准确的优点。

装置的结构见图4—16。在电动机外壳两端加装轴承，使外壳能自动转动，外壳连接测功臂和平衡锤，后者用以调整零位。其测量原理是，电机带动水泵旋转时，反作用力会使外壳反向旋转，反向转矩大小与方向转矩相同，若在测功臂上加上适当的砝码，可保持外壳不旋转，此时，所加的砝码重量乘以测功臂长度就是电机的输出转矩。

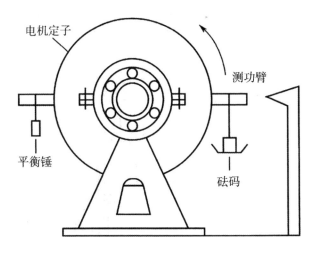

图4—16 马达—天平式测功器

电机输出功率为：

$$N = \frac{2\tau 1}{60}Mn = 0.1047Mn \qquad (4—12)$$

$$M = WLg \qquad (4—13)$$

$$N = 0.1047WLgn \qquad (4—14)$$

式中 W—砝码质量，kg；

L—测功臂长度，m；

M—转矩，N·m；

g—重力加速度，9.8m/s^2；

n—转数，r/min。

2. 功率表测功器

该方法是用功率表直接测量电机的输入电功率，然后利用电机输入—输出功率特性曲线（图4—17）求出电机的输出功率。对于用轴与电机直接连接的泵，电机输出功率与泵轴功率基本相等。电机功率特性曲线应事先用实验做出。

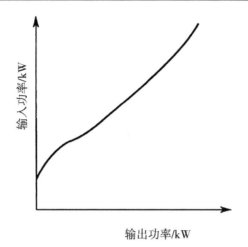

图4—17 功率特性曲线

附录三 相关系数检验表

α r n − 2	5%	1%	α r n − 2	5%	1%	α r n − 2	5%	1%
1	0.997	1.000	16	0.468	0.590	35	0.325	0.418
2	0.950	0.990	17	0.456	0.575	40	0.304	0.393
3	0.878	0.959	18	0.444	0.561	45	0.288	0.372
4	0.811	0.917	19	0.433	0.549	50	0.273	0.354
5	0.754	0.874	20	0.423	0.537	60	0.250	0.325
6	0.707	0.834	21	0.413	0.526	70	0.232	0.302
7	0.666	0.798	22	0.404	0.515	80	0.217	0.283
8	0.632	0.765	23	0.396	0.505	90	0.205	0.267
9	0.602	0.735	24	0.388	0.496	100	0.195	0.254
10	0.576	0.708	25	0.381	0.487	125	0.174	0.228
11	0.553	0.684	26	0.374	0.478	150	0.159	0.208
12	0.532	0.661	27	0.367	0.470	200	0.138	0.181

续表

r / $n-2$ \ α	5%	1%	r / $n-2$ \ α	5%	1%	r / $n-2$ \ α	5%	1%
13	0.514	0.641	28	0.361	0.463	300	0.113	0.148
14	0.497	0.623	29	0.355	0.456	400	0.098	0.128
15	0.482	0.606	30	0.349	0.449	1000	0.062	0.081

附录四　F 分布数值表

（1）$\alpha = 0.25$

f_2 \ f_1	1	2	3	4	5	6	7	8	9	10	12	15	20	60	∞
1	5.83	7.50	8.20	8.58	8.82	8.98	9.10	9.19	9.26	9.32	9.41	9.49	9.58	9.76	9.85
2	2.57	3.00	3.15	3.23	3.28	3.31	3.34	3.35	3.37	3.38	3.39	3.41	3.43	3.46	3.48
3	2.02	2.28	2.36	2.39	2.41	2.42	2.43	2.44	2.44	2.44	2.45	2.46	2.46	2.47	2.47
4	1.81	2.00	2.05	2.06	2.07	2.08	2.08	2.08	2.08	2.08	2.08	2.08	2.08	2.08	2.08
5	1.69	1.85	1.88	1.89	1.89	1.89	1.89	1.89	1.89	1.89	1.89	1.89	1.88	1.87	1.87
6	1.62	1.76	1.78	1.79	1.79	1.78	1.78	1.78	1.77	1.77	1.77	1.76	1.76	1.74	1.74
7	1.57	1.70	1.72	1.72	1.71	1.71	1.70	1.70	1.69	1.69	1.68	1.68	1.67	1.65	1.65
8	1.54	1.66	1.67	1.66	1.66	1.65	1.64	1.64	1.64	1.63	1.62	1.62	1.61	1.59	1.58
9	1.51	1.62	1.63	1.63	1.62	1.61	1.60	1.60	1.59	1.59	1.58	1.57	1.56	1.54	1.53
10	1.49	1.60	1.60	1.59	1.59	1.58	1.57	1.56	1.56	1.55	1.54	1.53	1.52	1.50	1.48
11	1.47	1.58	1.58	1.57	1.56	1.55	1.54	1.53	1.53	1.52	1.51	1.50	1.49	1.47	1.45
12	1.46	1.56	1.56	1.55	1.54	1.53	1.52	1.51	1.51	1.50	1.49	1.48	1.47	1.44	1.42
13	1.45	1.55	1.55	1.53	1.52	1.51	1.50	1.49	1.49	1.48	1.47	1.46	1.45	1.42	1.40
14	1.44	1.53	1.53	1.52	1.51	1.50	1.49	1.48	1.47	1.46	1.45	1.44	1.43	1.40	1.38
15	1.43	1.52	1.52	1.51	1.49	1.48	1.47	1.46	1.46	1.45	1.44	1.43	1.41	1.38	1.36
16	1.42	1.51	1.51	1.50	1.48	1.47	1.46	1.45	1.44	1.44	1.43	1.41	1.40	1.36	1.34
17	1.42	1.51	1.50	1.49	1.47	1.46	1.45	1.44	1.43	1.43	1.41	1.40	1.39	1.35	1.33

续表

f_2＼f_1	1	2	3	4	5	6	7	8	9	10	12	15	20	60	∞
18	1.41	1.50	1.49	1.48	1.46	1.45	1.44	1.43	1.42	1.42	1.40	1.39	1.38	1.34	1.32
19	1.41	1.49	1.49	1.47	1.46	1.44	1.43	1.42	1.41	1.41	1.40	1.38	1.37	1.33	1.30
20	1.40	1.49	1.48	1.47	1.45	1.44	1.43	1.42	1.41	1.40	1.39	1.37	1.36	1.32	1.29
21	1.40	1.48	1.48	1.46	1.44	1.43	1.42	1.41	1.40	1.39	1.38	1.37	1.35	1.31	1.28
22	1.40	1.48	1.47	1.45	1.44	1.42	1.41	1.40	1.39	1.39	1.37	1.36	1.34	1.30	1.28
23	1.39	1.47	1.47	1.45	1.43	1.42	1.41	1.40	1.39	1.38	1.37	1.35	1.34	1.30	1.27
24	1.39	1.47	1.46	1.44	1.43	1.41	1.40	1.39	1.38	1.38	1.36	1.35	1.33	1.29	1.26
25	1.39	1.47	1.46	1.44	1.42	1.41	1.40	1.39	1.38	1.37	1.36	1.34	1.33	1.28	1.25
30	1.38	1.45	1.44	1.42	1.41	1.39	1.38	1.37	1.36	1.35	1.34	1.32	1.30	1.26	1.23
40	1.36	1.44	1.42	1.40	1.39	1.37	1.36	1.35	1.34	1.33	1.31	1.30	1.28	1.22	1.19
60	1.35	1.42	1.41	1.38	1.37	1.35	1.33	1.32	1.31	1.30	1.29	1.27	1.25	1.19	1.15
120	1.34	1.40	1.39	1.37	1.35	1.33	1.31	1.30	1.29	1.28	1.26	1.24	1.22	1.16	1.10
∞	1.32	1.39	1.37	1.35	1.33	1.31	1.29	1.28	1.27	1.25	1.24	1.22	1.19	1.12	1.00

（2） $\alpha = 0.10$

f_2＼f_1	1	2	3	4	5	6	7	8	9	10	12	15	20	60	∞
1	39.9	49.6	53.6	55.8	57.2	58.2	58.9	59.4	59.9	60.2	60.7	61.2	61.7	62.8	63.3
2	8.53	9.00	9.16	9.24	9.29	9.33	9.35	9.37	9.38	9.39	9.41	9.42	9.44	9.47	9.49
3	5.54	5.46	5.39	5.34	5.31	5.28	5.27	5.25	5.24	5.23	5.22	5.20	5.18	5.15	5.13
4	4.54	4.32	4.19	4.11	4.05	4.01	3.98	3.95	3.94	3.92	3.90	3.87	3.84	3.79	3.76
5	4.06	3.78	3.62	3.52	3.45	3.40	3.37	3.34	3.32	3.30	3.27	3.24	3.21	3.14	3.10
6	3.78	3.46	3.29	3.18	3.11	3.05	3.01	2.98	2.96	2.94	2.90	2.87	2.84	2.76	2.72
7	3.59	3.26	3.07	2.96	2.88	2.83	2.78	2.75	2.72	2.70	2.67	2.63	2.59	2.51	2.47
8	3.46	3.11	2.92	2.81	2.73	2.67	2.62	2.59	2.56	2.54	2.50	2.46	2.42	2.34	2.29
9	3.36	3.01	2.81	2.69	2.61	2.55	2.51	2.47	2.44	2.42	2.38	2.34	2.30	2.21	2.16
10	3.29	2.92	2.73	2.61	2.52	2.46	2.41	2.38	2.35	2.32	2.28	2.24	2.20	2.11	2.06
11	3.23	2.86	2.66	2.54	2.45	2.39	2.34	2.30	2.27	2.25	2.21	2.17	2.12	2.03	1.97
12	3.18	2.81	2.61	2.48	2.39	2.33	2.28	2.24	2.21	2.19	2.15	2.10	2.06	1.96	1.90

续表

f_2 \ f_1	1	2	3	4	5	6	7	8	9	10	12	15	20	60	∞
13	3.14	2.76	2.56	2.43	2.35	2.28	2.23	2.20	2.16	2.14	2.10	2.05	2.01	1.90	1.85
14	3.10	2.73	2.52	2.39	2.31	2.24	2.19	2.15	2.12	2.10	2.05	2.01	1.96	1.86	1.80
15	3.07	2.70	2.49	2.36	2.27	2.21	2.16	2.12	2.09	2.06	2.02	1.97	1.92	1.82	1.76
16	3.05	2.67	2.46	2.33	2.24	2.18	2.13	2.09	2.06	2.03	1.99	1.94	1.89	1.78	1.72
17	3.03	2.64	2.44	2.31	2.22	2.15	2.10	2.06	2.03	2.00	1.96	1.91	1.86	1.75	1.69
18	3.01	2.62	2.42	2.29	2.20	2.13	2.08	2.04	2.00	1.98	1.93	1.89	1.84	1.72	1.66
19	2.99	2.61	2.40	2.27	2.18	2.11	2.06	2.02	1.98	1.96	1.91	1.86	1.81	1.70	1.63
20	2.97	2.59	2.38	2.25	2.16	2.09	2.04	2.00	1.96	1.94	1.89	1.84	1.79	1.68	1.61
21	2.96	2.57	2.36	2.23	2.14	2.08	2.02	1.98	1.95	1.92	1.87	1.83	1.78	1.66	1.59
22	2.95	2.56	2.35	2.22	2.13	2.06	2.01	1.97	1.93	1.90	1.86	1.81	1.76	1.64	1.57
23	2.94	2.55	2.34	2.21	2.11	2.05	1.99	1.95	1.92	1.89	1.84	1.80	1.74	1.62	1.55
24	2.93	2.54	2.33	2.19	2.10	2.04	1.98	1.94	1.91	1.88	1.83	1.78	1.73	1.61	1.53
25	2.92	2.53	2.32	2.18	2.09	2.02	1.97	1.93	1.89	1.87	1.82	1.77	1.72	1.59	1.52
30	2.88	2.49	2.28	2.14	2.05	1.98	1.93	1.88	1.85	1.82	1.77	1.72	1.67	1.54	1.46
40	2.84	2.44	2.23	2.09	2.00	1.93	1.87	1.83	1.79	1.76	1.71	1.66	1.61	1.47	1.38
60	2.79	2.39	2.18	2.04	1.95	1.87	1.82	1.77	1.74	1.71	1.66	1.60	1.54	1.40	1.29
120	2.75	2.35	2.13	1.99	1.90	1.82	1.77	1.72	1.68	1.65	1.60	1.55	1.48	1.32	1.19
∞	2.71	2.30	2.08	1.94	1.85	1.77	1.72	1.67	1.63	1.60	1.55	1.49	1.42	1.24	1.00

（3） $\alpha = 0.05$

f_2 \ f_1	1	2	3	4	5	6	7	8	9	10	12	15	20	60	∞
1	161.4	199.5	215.7	224.6	230.2	234.0	236.8	238.9	240.5	241.9	243.9	245.9	248.0	252.2	254.3
2	18.51	19.00	19.16	19.25	19.30	19.33	19.35	19.37	19.38	19.40	19.41	19.43	19.45	19.48	19.50
3	10.13	9.55	9.28	9.12	9.01	8.94	8.89	8.85	8.81	8.79	8.74	8.70	8.66	8.57	8.53
4	7.71	6.94	6.59	6.39	6.26	6.16	6.09	6.04	6.00	5.96	5.91	5.86	5.80	5.69	5.63
5	6.61	5.79	5.41	5.19	5.05	4.95	4.88	4.82	4.77	4.74	4.68	4.62	4.56	4.43	4.36
6	5.99	5.14	4.76	4.53	4.39	4.28	4.21	4.15	4.10	4.06	4.00	3.94	3.87	3.74	3.67
7	5.59	4.74	4.35	4.12	3.97	3.87	3.79	3.73	3.68	3.64	3.57	3.51	3.44	3.30	3.23
8	5.32	4.46	4.07	3.84	3.69	3.58	3.50	3.44	3.39	3.35	3.28	3.22	3.15	3.01	2.93

f_2 \ f_1	1	2	3	4	5	6	7	8	9	10	12	15	20	60	∞
9	5.12	4.26	3.86	3.63	3.48	3.37	3.29	3.23	3.18	3.14	3.07	3.01	2.94	2.79	2.71
10	4.96	4.10	3.71	3.48	3.33	3.22	3.14	3.07	3.02	2.98	2.91	2.85	2.77	2.62	2.54
11	4.84	3.98	3.59	3.36	3.20	3.09	3.01	2.95	2.90	2.85	2.79	2.72	2.65	2.49	2.40
12	4.75	3.89	3.49	3.26	3.11	3.00	2.91	2.85	2.80	2.75	2.69	2.62	2.54	2.38	2.30
13	4.67	3.81	3.41	3.18	3.03	2.92	2.83	2.77	2.71	2.67	2.60	2.53	2.46	2.30	2.21
14	4.60	3.74	3.34	3.11	2.96	2.85	2.76	2.70	2.65	2.60	2.53	2.46	2.39	2.22	2.13
15	4.54	3.68	3.29	3.06	2.90	2.79	2.71	2.64	2.59	2.54	2.48	2.40	2.33	2.16	2.07
16	4.49	3.63	3.24	3.01	2.85	2.74	2.66	2.59	2.54	2.49	2.42	2.35	2.28	2.11	2.01
17	4.45	3.59	3.20	2.96	2.81	2.70	2.61	2.55	2.49	2.45	2.38	2.31	2.23	2.06	1.96
18	4.41	3.55	3.16	2.93	2.77	2.66	2.58	2.51	2.46	2.41	2.34	2.27	2.19	2.02	1.92
19	4.38	3.52	3.13	2.90	2.74	2.63	2.54	2.48	2.42	2.38	2.31	2.23	2.16	1.98	1.88
20	4.35	3.49	3.10	2.87	2.71	2.60	2.51	2.45	2.39	2.35	2.28	2.20	2.12	1.95	1.84
21	4.32	3.47	3.07	2.84	2.68	2.57	2.49	2.42	2.37	2.32	2.25	2.18	2.10	1.92	1.81
22	4.30	3.44	3.05	2.82	2.66	2.55	2.46	2.40	2.34	2.30	2.23	2.15	2.07	1.89	1.78
23	4.28	3.42	3.03	2.80	2.64	2.53	2.44	2.37	2.32	2.27	2.20	2.13	2.05	1.86	1.76
24	4.26	3.40	3.01	2.78	2.62	2.51	2.42	2.36	2.30	2.25	2.18	2.11	2.03	1.84	1.73
25	4.24	3.39	2.99	2.76	2.60	2.49	2.40	2.34	2.28	2.24	2.16	2.09	2.01	1.82	1.71
30	4.17	3.32	2.92	2.69	2.53	2.42	2.33	2.27	2.21	2.16	2.09	2.01	1.93	1.74	1.62
40	4.08	3.23	2.84	2.61	2.45	2.34	2.25	2.18	2.12	2.08	2.00	1.92	1.84	1.64	1.51
60	4.00	3.15	2.76	2.53	2.37	2.25	2.17	2.10	2.04	1.99	1.92	1.84	1.75	1.53	1.39
120	3.92	3.07	2.68	2.45	2.29	2.17	2.09	2.02	1.96	1.91	1.83	1.75	1.66	1.43	1.25
∞	3.84	3.00	2.60	2.37	2.21	2.10	2.01	1.94	1.88	1.83	1.75	1.67	1.57	1.32	1.00

（4） $\alpha = 0.01$

f_2 \ f_1	1	2	3	4	5	6	7	8	9	10	12	15	20	60	∞
1	4 052	4999	5 403	5 625	5 764	5 859	5 928	5 982	6 022	6 056	6 106	6 157	6 209	6 313	6 366
2	98.50	99.00	99.17	99.25	99.30	99.33	99.36	99.37	99.39	99.40	99.42	99.43	99.45	99.48	99.50
3	34.12	30.82	29.46	28.71	28.24	27.91	27.67	27.49	27.35	27.23	27.05	26.87	26.69	26.32	26.13
4	21.20	18.00	16.69	15.98	15.52	15.21	14.98	14.80	14.66	14.55	14.37	14.20	14.02	13.65	13.46

续表

f_2\\f_1	1	2	3	4	5	6	7	8	9	10	12	15	20	60	∞
5	16.26	13.27	12.06	11.39	10.97	10.67	10.46	10.29	10.16	10.05	9.89	9.72	9.55	9.20	9.02
6	13.75	10.92	9.78	9.15	8.75	8.47	8.26	8.10	7.98	7.87	7.72	7.56	7.40	7.06	6.88
7	12.25	9.55	8.45	7.85	7.46	7.19	6.99	6.84	6.72	6.62	6.47	6.31	6.16	5.82	5.65
8	11.26	8.65	7.59	7.01	6.63	6.37	6.18	6.03	5.91	5.81	5.67	5.52	5.36	5.03	4.86
9	10.56	8.02	6.99	6.42	6.06	5.80	5.61	5.47	5.35	5.26	5.11	4.96	4.81	4.48	4.31
10	10.04	7.56	6.55	5.99	5.64	5.39	5.20	5.06	4.94	4.85	4.71	4.56	4.41	4.08	3.91
11	9.65	7.21	6.22	5.67	5.32	5.07	4.89	4.74	4.63	4.54	4.40	4.25	4.10	3.78	3.60
12	9.33	6.93	5.95	5.41	5.06	4.82	4.64	4.50	4.39	4.30	4.16	4.01	3.86	3.54	3.36
13	9.07	6.70	5.74	5.21	4.86	4.62	4.44	4.30	4.19	4.10	3.96	3.82	3.66	3.34	3.17
14	8.86	6.51	5.56	5.04	4.69	4.46	4.28	4.14	4.03	3.94	3.80	3.66	3.51	3.18	3.00
15	8.68	6.36	5.42	4.89	4.56	4.32	4.14	4.00	3.89	3.80	3.67	3.52	3.37	3.05	2.87
16	8.53	6.23	5.29	4.77	4.44	4.20	4.03	3.89	3.78	3.69	3.55	3.41	3.26	2.93	2.75
17	8.40	6.11	5.18	4.67	4.34	4.10	3.93	3.79	3.68	3.59	3.46	3.31	3.16	2.83	2.65
18	8.29	6.01	5.09	4.58	4.25	4.01	3.84	3.71	3.60	3.51	3.37	3.23	3.08	2.75	2.57
19	8.18	5.93	5.01	4.50	4.17	3.94	3.77	3.63	3.52	3.43	3.30	3.15	3.00	2.67	2.49
20	8.10	5.85	4.94	4.43	4.10	3.87	3.70	3.56	3.46	3.37	3.23	3.09	2.94	2.61	2.42
21	8.02	5.78	4.87	4.37	4.04	3.81	3.64	3.51	3.40	3.31	3.17	3.03	2.88	2.55	2.36
22	7.95	5.72	4.82	4.31	3.99	3.76	3.59	3.45	3.35	3.26	3.12	2.98	2.83	2.50	2.31
23	7.88	5.66	4.76	4.26	3.94	3.71	3.54	3.41	3.30	3.21	3.07	2.93	2.78	2.45	2.26
24	7.82	5.61	4.72	4.22	3.90	3.67	3.50	3.36	3.26	3.17	3.03	2.89	2.74	2.40	2.21
25	7.77	5.57	4.68	4.18	3.85	3.63	3.46	3.32	3.22	3.13	2.99	2.85	2.70	2.36	2.17
30	7.56	5.39	4.51	4.02	3.70	3.47	3.30	3.17	3.07	2.98	2.84	2.70	2.55	2.21	2.01
40	7.31	5.18	4.31	3.83	3.51	3.29	3.12	2.99	2.89	2.80	2.66	2.52	2.37	2.02	1.80
60	7.08	4.98	4.13	3.65	3.34	3.12	2.95	2.82	2.72	2.63	2.50	2.35	2.20	1.84	1.60
120	6.85	4.76	3.95	3.48	3.17	2.96	2.79	2.66	2.56	2.47	2.34	2.19	2.03	1.66	1.38
∞	6.63	4.61	3.78	3.32	3.02	2.80	2.64	2.51	2.41	2.32	2.18	2.04	1.88	1.47	1.00

附录五 常用正交表

1. 等水平正交表—单一水平正交表

（1）L_4（2^3）

列号 试验号	1	2	3
1	1	1	1
2	1	2	2
3	2	1	2
4	2	2	1

（2）L_8（2^7）和 L_8（2^7）表头设计

L_8（2^7）

列号 试验号	1	2	3	4	5	6	7
1	1	1	1	1	1	1	1
2	1	1	1	2	2	2	2
3	1	2	2	1	1	2	2
4	1	2	2	2	2	1	1
5	2	1	2	1	2	1	2
6	2	1	2	2	1	2	1
7	2	2	1	1	2	2	1
8	2	2	1	2	1	1	2

L_8（2^7）表头设计

列号 因素数	1	2	3	4	5	6	7
3	A	B	$A \times B$	C	$A \times C$	$B \times C$	
4	A	B	$A \times B$ $C \times D$	C	$A \times C$ $B \times D$	$B \times C$ $A \times D$	D
4	A	B $C \times D$	$A \times B$	C $B \times D$	$A \times C$	D $B \times C$	$A \times D$
5	A $D \times E$	B $C \times D$	$A \times B$ $C \times E$	C $B \times D$	$A \times C$ $B \times E$	D $A \times E$ $B \times C$	E $A \times D$

（3）L_9（3^4）

试验号 \ 列号	1	2	3	4
1	1	1	1	1
2	1	2	2	2
3	1	3	3	3
4	2	1	2	3
5	2	2	1	1
6	2	3	3	2
7	3	1	3	2
8	3	2	1	3
9	3	3	2	1

（4）L_{12}（2^{11}）

列号 试验号	1	2	3	4	5	6	7	8	9	10	11
1	1	1	1	1	1	1	1	1	1	1	1
2	1	1	1	1	1	2	2	2	2	2	2
3	1	1	2	2	2	1	1	1	2	2	2
4	1	2	1	2	2	1	2	2	1	1	2
5	1	2	2	1	2	2	1	2	1	2	1
6	1	2	2	2	1	2	2	1	2	1	1
7	2	1	2	2	1	1	2	2	1	2	1
8	2	1	2	1	2	2	2	1	1	1	2
9	2	1	1	2	2	2	1	2	2	1	1
10	2	2	2	1	1	1	1	2	2	1	2
11	2	2	1	1	2	1	1	1	1	2	2
12	2	2	1	2	1	2	1	2	2	2	1

（5）L_{16}（2^{15}）

列号 试验号	1	2	3	4	5	6	7	8	9	10	11	12	13	14	15
1	1	1	1	1	1	1	1	1	1	1	1	1	1	1	1
2	1	1	1	1	1	1	1	2	2	2	2	2	2	2	2
3	1	1	1	2	2	2	2	1	1	1	1	2	2	2	2
4	1	1	1	2	2	2	2	2	2	2	1	1	1	1	1
5	1	2	2	1	1	2	2	1	1	2	2	1	1	2	2
6	1	2	2	1	1	2	2	2	2	1	1	2	2	1	1
7	1	2	2	2	2	1	1	1	1	2	2	2	2	1	1
8	1	2	2	2	2	1	1	2	2	1	1	1	1	2	2
9	2	1	2	1	2	1	2	1	2	1	2	1	2	1	2

续表

列号 试验号	1	2	3	4	5	6	7	8	9	10	11	12	13	14	15
10	2	1	2	1	2	1	2	2	1	2	1	2	1	2	1
11	2	1	2	2	1	2	1	1	2	1	2	2	1	2	1
12	2	1	2	2	1	2	1	2	1	2	1	1	2	1	2
13	2	2	1	1	2	2	1	1	2	2	1	1	2	2	1
14	2	2	1	1	2	2	1	2	1	1	2	2	1	1	2
15	2	2	1	2	1	1	2	1	2	2	1	2	1	1	2
16	2	2	1	2	1	1	2	2	1	1	2	1	2	2	1

（6）L_{16}（4^5）

列号 试验号	1	2	3	4	5
1	1	1	1	1	1
2	1	2	2	2	2
3	1	3	3	3	3
4	1	4	4	4	4
5	2	1	2	3	4
6	2	2	1	4	3
7	2	3	4	1	2
8	2	4	3	2	1
9	3	1	3	4	2
10	3	2	4	3	1
11	3	3	1	2	4
12	3	4	2	1	3
13	4	1	4	2	3
14	4	2	3	1	4
15	4	3	2	4	1
16	4	4	1	3	2

（7）L_{27}（3^{13}）

列号 / 试验号	1	2	3	4	5	6	7	8	9	10	11	12	13
1	1	1	1	1	1	1	1	1	1	1	1	1	1
2	1	1	1	1	2	2	2	2	2	2	2	2	2
3	1	1	1	1	3	3	3	3	3	3	3	3	3
4	1	2	2	2	1	1	1	2	2	2	3	3	3
5	1	2	2	2	2	2	2	3	3	3	1	1	1
6	1	2	2	2	3	3	3	1	1	1	2	2	2
7	1	3	3	3	1	1	1	3	3	3	2	2	2
8	1	3	3	3	2	2	2	1	1	1	3	3	3
9	1	3	3	3	3	3	3	2	2	2	1	1	1
10	2	1	2	3	1	2	3	1	2	3	1	2	3
11	2	1	2	3	2	3	1	2	3	1	2	3	1
12	2	1	2	3	3	1	2	3	1	2	3	1	2
13	2	2	3	1	1	2	3	2	3	1	3	1	2
14	2	2	3	1	2	3	1	3	1	2	1	2	3
15	2	2	3	1	3	1	2	1	2	3	2	3	1
16	2	3	1	2	1	2	3	3	1	2	2	3	1
17	2	3	1	2	2	3	1	1	2	3	3	1	2
18	2	3	1	2	3	1	2	2	3	1	1	2	3
19	3	1	3	2	1	3	2	1	3	2	1	3	2
20	3	1	3	2	2	1	3	2	1	3	2	1	3
21	3	1	3	2	3	2	1	3	2	1	3	2	1
22	3	2	1	3	1	3	2	2	1	3	3	2	1
23	3	2	1	3	2	1	3	3	2	1	1	3	2
24	3	2	1	3	3	2	1	1	3	2	2	1	3
25	3	3	2	1	1	3	2	3	2	1	2	1	3
26	3	3	2	1	2	1	3	1	3	2	3	2	1
27	3	3	2	1	3	2	1	2	1	3	1	3	2

（8）L_{25}（5^6）

列号 试验号	1	2	3	4	5	6
1	1	1	1	1	1	1
2	1	2	2	2	2	2
3	1	3	3	3	3	3
4	1	4	4	4	4	4
5	1	5	5	5	5	5
6	2	1	2	3	4	5
7	2	2	3	4	5	1
8	2	3	4	5	1	2
9	2	4	5	1	2	3
10	2	5	1	2	3	4
11	3	1	3	5	2	4
12	3	2	4	1	3	5
13	3	3	5	2	4	1
14	3	4	1	3	5	2
15	3	5	2	4	1	3
16	4	1	4	2	5	3
17	4	2	5	3	1	4
18	4	3	1	4	2	5
19	4	4	2	5	3	1
20	4	5	3	1	4	2
21	5	1	5	4	3	2
22	5	2	1	5	4	3
23	5	3	2	1	5	4
24	5	4	3	2	1	5
25	5	5	4	3	2	1

2. 混合水平正交表

（1）L_8（4×2^4）和 L_8（4×2^4）表头设计

L_8（4×2^4）

试验号＼列号	1	2	3	4	5
1	1	1	1	1	1
2	1	2	2	2	2
3	2	1	1	2	2
4	2	2	2	1	1
5	3	1	2	1	2
6	3	2	1	2	1
7	4	1	2	2	1
8	4	2	1	1	2

L_8（4×2^4）表头设计

因素数＼列号	1	2	3	4	5
2	A	B	$(A \times B)_1$	$(A \times B)_2$	$(A \times B)_3$
3	A	B	C		
4	A	B	C	D	
5	A	B	C	D	E

（2）L_{16}（4×2^{12}）

试验号＼列号	1	2	3	4	5	6	7	8	9	10	11	12	13
1	1	1	1	1	1	1	1	1	1	1	1	1	1
2	1	1	1	1	1	2	2	2	2	2	2	2	2
3	1	2	2	2	2	1	1	1	1	2	2	2	2
4	1	2	2	2	2	2	2	2	2	1	1	1	1

列号 试验号	1	2	3	4	5	6	7	8	9	10	11	12	13
5	2	1	1	2	2	1	1	2	2	1	1	2	2
6	2	1	1	2	2	2	2	1	1	2	2	1	1
7	2	2	2	1	1	1	1	2	2	2	2	1	1
8	2	2	2	1	1	2	2	1	1	1	1	2	2
9	3	1	2	1	2	1	2	1	2	1	2	1	2
10	3	1	2	1	2	2	1	2	1	2	1	2	1
11	3	2	1	2	1	1	2	1	2	2	1	2	1
12	3	2	1	2	1	2	1	2	1	1	2	1	2
13	4	1	2	2	1	1	2	2	1	1	2	2	1
14	4	1	2	2	1	2	1	1	2	2	1	1	2
15	4	2	1	1	2	1	2	2	1	2	1	1	2
16	4	2	1	1	2	2	1	1	2	1	2	2	1

（3） L_{16} （$4^2 \times 2^9$）

列号 试验号	1	2	3	4	5	6	7	8	9	10	11
1	1	1	1	1	1	1	1	1	1	1	1
2	1	2	1	1	1	2	2	2	2	2	2
3	1	3	2	2	2	1	1	1	2	2	2
4	1	4	2	2	2	2	2	2	1	1	1
5	2	1	1	2	2	1	2	2	1	2	2
6	2	2	1	2	2	2	1	1	2	1	1
7	2	3	2	1	1	1	2	2	2	1	1
8	2	4	2	1	1	2	1	1	1	2	2
9	3	1	2	1	2	2	1	2	2	1	2
10	3	2	2	1	2	1	2	1	1	2	1

试验号 \ 列号	1	2	3	4	5	6	7	8	9	10	11
11	3	3	1	2	1	2	1	2	1	2	1
12	3	4	1	2	1	1	2	1	2	1	2
13	4	1	2	2	1	2	2	1	2	2	1
14	4	2	2	2	1	1	1	2	1	1	2
15	4	3	1	1	2	2	2	1	1	1	2
16	4	4	1	1	2	1	1	2	2	2	1

（4） L_{16} （$4^3 \times 2^6$）

试验号 \ 列号	1	2	3	4	5	6	7	8	9
1	1	1	1	1	1	1	1	1	1
2	1	2	2	1	1	2	2	2	2
3	1	3	3	2	2	1	1	2	2
4	1	4	4	2	2	2	2	1	1
5	2	1	2	2	2	1	2	1	2
6	2	2	1	2	2	2	1	2	1
7	2	3	4	1	1	1	2	2	1
8	2	4	3	1	1	2	1	1	2
9	3	1	3	1	2	2	2	2	1
10	3	2	4	1	2	1	1	1	2
11	3	3	1	2	1	2	2	1	2
12	3	4	2	2	1	1	1	2	1
13	4	1	4	2	1	2	1	2	2
14	4	2	3	2	1	1	2	1	1
15	4	3	2	1	2	2	1	1	1
16	4	4	1	1	2	1	2	2	2

（5）L_{16} （$4^4 \times 2^3$）

列号 试验号	1	2	3	4	5	6	7
1	1	1	1	1	1	1	1
2	1	2	2	2	1	2	2
3	1	3	3	3	2	1	2
4	1	4	4	4	2	2	1
5	2	1	2	3	2	2	1
6	2	2	1	4	2	1	2
7	2	3	4	1	1	2	2
8	2	4	3	2	1	1	1
9	3	1	3	4	1	2	2
10	3	2	4	3	1	1	1
11	3	3	1	2	2	2	1
12	3	4	2	1	2	1	2
13	4	1	4	2	2	1	2
14	4	2	3	1	2	2	1
15	4	3	2	4	1	1	1
16	4	4	1	3	1	2	2

参考文献

1. 贾绍义、柴诚敬主编：《化工原理课程设计》，天津大学出版社，2002 年。

2. 贾绍义主编：《化工原理及实验》，高等教育出版社，2004 年。

3. 张金利、张建伟、郭翠梨等编著：《化工原理实验》，天津大学出版社，2005 年。

4. 张伟光、李金龙、王欣编著：《化工原理实验》，化学工业出版社，2017 年。

5. 林深、王世铭编著：《大学化学实验》，化学工业出版社，2009 年。

6. 陈作义、江涛、柳晓俊编著：《化工原理实验》，华南理工大学出版社。

7. 江体乾：《化工数据处理》，化学工业出版社，1984 年。

8. 陈尔凡、程远杰、赵常礼等：《复合型聚醋酸乙烯酯乳胶漆的制备》，《涂料工业》，1998（4）：3－4。

9. 韩招久、王宗德、姜志宽等：《萜类化合物对小菜蛾幼虫的拒食活性》，《应用昆虫学报》，2007，44（6）：863－867。

10. 黄展、姚晓青：《化学卷发液巯基乙酸铵的制备实验改进》，《广东化工》，2016，43（16）：52－52。

11. 刘勇：《聚醋酸乙烯酯乳胶涂料的制备及表征》，《工业》，2015（5）：162－162。

12. 宋睿、金传山、周亚伟：《香青兰中总黄酮和单体的含量测定》，《中国实验方剂学杂志》，2010，16（12）：71－74。

13. 滕杰、段宏泉、刘昌孝：《山尖菜化学成分的研究》，《中国科协年会——生物医药博士论坛》．2011。

14. 张建立、李俊华、申金瑞：《卷发剂的评价与配方优化》，《创新科技》，2004（11）：56-57。

15. 张雪辉、赵元芬、陈建民：《甘草中总黄酮的含量测定》，《中国中药杂志》，2001，26（11）：746-747。

16. 吴喜元：《乳胶涂料用聚丙烯酸酯乳液的合成及性能研究》，陕西科技大学，2013。

17. 钟以诚、吴冯波、彭小平：《聚丙烯酸酯乳胶互穿网络高聚物的合成研究》，《涂料工业》，1990（1）：1-7。